DISSERTATION
CHYMIQUE
SUR
LES EAUX MINÉRALES
DE LA LORRAINE,

Ouvrage qui a remporté le prix au jugement de MM. de l'Académie des Sciences & Belles-Lettres de Nancy, le 9 mai 1778.

Par M. NICOLAS, Maître ès Arts & en Pharmacie, Démonftrateur Royal de Chymie en l'Univerſité de Nancy, &c. &c.

A NANCY,

Chez THOMAS, Imprimeur, rue de l'Eſplanade, No. 252.

AVEC PERMISSION. 1778.

Naturamque sequi patriæque impendere vitam.

Messieurs de l'Académie Royale des Sciences, Arts & Belles-Lettres de Nancy.

MESSIEURS,

SI les sciences & les arts font quelques progrès dans cette province, on le doit à l'accueil que vous faites à ceux qui les cultivent ; les vœux que vous formez pour la perfection des découvertes utiles vous font traiter avec indulgence les productions qui y ont quelque rapport. C'est sur cette indulgence, Messieurs, que j'ai compté en vous

A ij

offrant le résultat de mes expériences sur les eaux minérales de la Lorraine , vous avez daigné l'honorer de votre suffrage , j'en suis bien glorieux , & ce qui met le comble à vos bontés pour moi , c'est de m'avoir permis de le publier sous vos auspices. Recevez-en donc l'hommage comme un faible tribut de ma reconnaissance.

Je suis avec respect,

MESSIEURS,

Votre très - humble & très-obéissant serviteur ,

NICOLAS.
D. R. D. C.

DISSERTATION
CHYMIQUE
SUR
LES EAUX MINÉRALES
DE LA LORRAINE.

IL n'eſt point de ſujet ſur lequel les Chy-
miſtes & les Naturaliſtes ſe ſoient plus
exercé que ſur les eaux minérales : celles
de la Lorraine n'ont pas été plus négli-
gées ; mais comme laplûpart des auteurs
qui en ont parlé, n'ont été guidés dans
leurs recherches que par des expériences
fautives, ils ne nous ont tranſmis que des
diſſertations ſouvent informes & ſtériles,
& aucune connoiſſance de la nature de
ces eaux & des principes qui les conſti-
tuent.

Les anciens, toujours portés à ré-
pandre du merveilleux ſur les phénomènes de la nature dont ils ne pouvoient

rendre raifon , fe plaifoient à accréditer les fables les plus puériles fur l'origine inconnue des eaux minérales. Ainfi couvrant leur propre ignorance d'un voile myftérieux , ils en impofèrent facilement à l'aveugle & fuperftitieufe crédulité.

Dans des tems poftérieurs , mais où la chymie fortoit à peine de l'enfance , ceux qui la cultivoient ne virent dans les eaux minérales que foufre , fels & métaux , & à raifon de ces diverfes fubftances ils leur attribuoient des propriétés qu'elles n'avoient & ne pouvoient avoir.

Enfin , de nos jours , les connoiffances chymiques , quoique perfectionnées par des mains laborieufes & favantes , n'ont pas toujours préfervé les maîtres de l'art des fauffes lueurs qui égaroient ceux qui les ont précédés dans cette carrière ; un excès de zèle pour le bien public a fans doute dirigé leurs opérations , & l'inadvertance qui étoit une fuite naturelle de leur marche précipitée , n'a fait fouvent que fubftituer des erreurs féduifantes à des erreurs groffières.

On ne peut douter que les eaux miné- rales ne foient expofées à l'action d'une multitude de caufes qui peuvent faire varier la proportion de leurs principes, & par conféquent leurs propriétés : il eft donc néceffaire de les foumettre de tems en tems à l'analyfe pour s'affurer de leur état actuel ; l'erreur en cette matière ne pouvant être indifférente.

Envain objecteroit-on que l'obferva- tion médecinale de l'effet de ces eaux fuffit pour en diriger l'ufage, ce feroit donner tout à la routine aveugle & fou- vent dangereufe de l'empirifme.

ANALYSE
DES EAUX
DE PLOMBIERES.

LOMBIERES eſt un petit bourg du Duché de Lorraine qui confine aux Voſges ; il eſt ſitué dans une vallée entre deux montagnes incultes & ſtériles en partie, & en partie couvertes de bois & de bruyères.

Le terroir du pays eſt de nature vitrifiable, c'eſt-à-dire ſabloneux ; à plus de ſix lieues à la ronde on auroit peine à découvrir une pierre calcaire. Les montagnes qui couvrent Plombières, font un aſſemblage de grès, de cailloux, de granit & de mica. On y trouve auſſi un ſpath phoſphorique ainſi que différentes autres ſubſtances minérales dont nous parlerons dans le cours de ces recherches.

C'eſt du ſein de ces montagnes que les

différentes eaux prennent leur fource : elles
font en affez grand nombre, mais toutes, comme le démontre l'expérience, peuvent être réduites à trois efpèces particulières, favoir ; les
eaux chaudes, les eaux dites favoneufes & les
eaux ferrugineufes dites purgatives.

Eaux chaudes.

La diverfité d'opinions des auteurs fur la
caufe de la chaleur des eaux thermales, eft
encore une de ces triftes preuves des bor-
nes de l'efprit humain. Combien d'hypo-
thèfes ridicules n'a-t'on pas faites pour prou-
ver ce qu'on n'entendoit pas, comme s'il eût
été plus humiliant de convenir de fon ignorance là-deffus, que de propofer des abfur-
dités ?

De toutes les opinions, celle qui a été plus
généralement adoptée par les chimiftes & les
naturaliftes, eft celle qui attribue la chaleur
des eaux minérales à des volcans, ou à des
maffes de charbon de terre enflammées. En
effet, cela paroît affez probable : nous avons
des exemples de ces embrafemens qui fubfi-
ftent depuis des fiécles. D'ailleurs, rien ne ré-
pugne à croire que l'eau qui circule dans l'intérieur de la terre, venant à pénétrer jufqu'à

ces volcans, en reçoit une chaleur propor-
tionnée à la proximité du foyer. Si l'eau vient
à laver ces matières, ou à en recevoir les vapeurs, elle fe chargera des parties diffolubles,
ce qui produira les eaux thermales compofées.
Si dans fon cours elle s'éloigne affez du foyer
pour n'en recevoir que la chaleur, fans toucher à ces matières, elle fournira une fource
d'eau thermale très-pure, comme font à peu
près les eaux de Plombières.

Il y a plufieurs fources d'eaux chaudes à
Plombières qui ne différent entr'elles que par
quelques dégrés de chaleur de plus ou de
moins. Elles donnent au thermomètre de Reaumur, depuis 28 jufqu'à 42 dégrés.

C'eft gratuitement qu'on a avancé que les
eaux chaudes de Plombières renfermées dans
des vafes & expofées au plus grand froid,
ne geloient jamais; que ces eaux ne fe refroi-
diffoient que très-difficilement & dans un
laps de tems confidérable ; que ces mêmes
eaux expofées au feu n'entroient pas en ébullition plutôt que l'eau commune foumife au
même dégré de chaleur. Pour peu que l'on ait
de connoiffances phyfiques on fent le ridicule
de ces affertions : je ne m'y ferois pas arrêté
fi tout récemment encore, on ne m'eût affuré,

fur les lieux, la vérité du fait ; j'ai cru ne pouvoir mieux détruire ce préjugé que par l'expérience.

1°. J'ai renfermé dans des bouteilles des eaux chaudes, de l'eau favoneufe, de l'eau ferrugineufe & de l'eau de fontaine commune. Après avoir bouché exactement les bouteilles & avoir laiffé refroidir les eaux qui étoient chaudes, je les ai expofées à la gelée dans un tems où l'atmofphère marquoit au thermometre de Reaumur deux dégrés & demi au deffous de la congélation. Toutes ces eaux fe font gelées à peu près dans le même intervalle de tems.

2°. Ayant fait chauffer de l'eau commune, je l'ai verfée dans un vafe de fer blanc qui pouvoit en contenir une livre : jai mis dans un autre vafe de fer blanc de même forme & capacité que le premier, de l'eau chaude prife au goulot. Après m'être affuré, avec un thermometre bien fenfible, que ces deux eaux étoient au même dégré de chaleur, je les ai expofées à l'air libre, elles fe font refroidies dans le même tems.

3°. J'ai expofé fur un réchaud à l'efprit de vin, dans un vafe de fer blanc, de l'eau chaude de Plombières, donnant 24 dégrés, elle eft entrée en ébullition au bout de onze minutes 27 secondes.

La même quantité d'eau froide commune marquant au thermometre dix dégrés au def-fus de la glace, renfermée dans le vafe de fer blanc & expofée à la chaleur fur le même ré-chaud, n'eft entrée en ébullition qu'après 21 minutes 13 fecondes. Ces expériences dé-montrent le peu de fondement qu'on doit faire fur les rapports que les anciens ont faits des eaux minérales de Lorraine.

✱✱✱✱✱✱✱✱✱✱✱✱✱✱✱✱✱✱✱✱✱✱✱✱✱

ANALYSE

DE L'EAU

DU GRAND BAIN.

1°. L'Eau chaude fortant du gros goulot du grand bain qui eft à découvert au mi-lieu de Plombières, donne 44 dégrés au ther-momètre de Reaumur.

2°. Cette eau n'eft point défagréable à boire & a très-peu de faveur; elle eft très-limpide & ne donne point de fédiment fenfi-ble par fon féjour dans des vafes bien bou-

chés, lorfqu'on a eu la précaution de la filtrer
auparavant à travers un papier gris.

3°. Cette eau, ramenée par le refroidiffement à dix dégrés au deffus de la glace, donne,
au pefe-liqueur, un quart de dégré au deffous
du zero, c'eft-à-dire, du terme de l'eau diftillée, ce qui démontre qu'elle eft prefque pure.

4°. J'ai foumis à la diftillation deux livres de
cette eau fortant de fa fource, dans une cornue
de verre au bec de laquelle j'ai luté un récipient qui contenoit de l'eau de chaux très-limpide; j'ai pouffé enfuite le feu modérément,
je n'ai obfervé aucun changement fenfible
dans l'eau de chaux, elle eft conftamment reftée limpide, ce qui prouve que cette eau n'eft
point gafeufe.

5°. Cette eau mêlée avec le fyrop de violettes n'en altere pas fenfiblement la couleur,
ce qui fait croire qu'elle ne contient aucunes
fubftances qui ayent action fur la couleur bleue
des végétaux; mais j'ai obfervé que cette expérience eft trompeufe : de toutes les fubftances végétales, le fyrop de violettes n'eft pas le
plus propre à décéler la préfence des acides ou
des alkalis dans les eaux minérales, foit que le
fucre rende la violette moins fenfible aux effets
de ces fubftances falines en enveloppant fa

partie colorante; foit qu'elle ait été altérée par le feu dans la cuite du fyrop, ce compofé n'eft pas affez fenfible. J'ai eu recours aux fleurs de mauves qui font d'un beau bleu, j'en ai jetté une pincée dans un verre, j'ai verfé de l'eau chaude minérale par deffus, elle a pris en peu de tems une teinte verte que l'on doit attribuer à un peu d'alkali contenu dans cette eau comme je le démontrerai ci-après. Ces fleurs que je fubftitue au fyrop de violettes, peuvent fe fécher fans rien perdre de leur couleur, ce qui les rend très-commodes pour les effais.

6°. La décoction de noix de galle verfée dans cette eau ne décele aucunement la préfence du fer.

7°. Les alkalis fixes & volatils n'occafionnent à l'eau chaude aucune décompofition, lors même qu'elle eft rapprochée par l'évaporation, & n'altèrent pas fa tranfparence.

8°. L'alkali fixe faturé de la partie colorante du bleu de Pruffe, ne communique à cette eau qu'une teinte jaunâtre très-foible; c'eft la couleur ordinaire que l'alkali pruffien donne à l'eau la plus pure; il ne s'eft fait d'ailleurs aucune décompofition ni précipitation.

9°. Les acides n'ont paru faire aucune effervefcence dans cette eau prife au fortir de la ſource; mais ce mouvement a été très-ſenſible lorſque j'ai verſé de l'acide ſur cette eau concentrée par l'évaporation.

10°. Cette eau diſſout parfaitement bien le ſavon, lors même qu'elle eſt dans l'état de la plus grande concentration. Pour cette expérience, tous les auteurs recommandent d'employer quelques grains de ſavon en ſubſtance & de les agiter dans l'eau dont on veut connoître la pureté; mais cela n'eſt pas ſans inconvénients : le ſavon ſe rencontre aſſez ſouvent avec excès d'alkali, ce qui peut faciliter ſa diſſolution dans une eau crue. D'un autre côté, ſi les ſubſtances ſalines contenues dans les eaux que l'on veut eſſayer, n'y ſont qu'en petite quantité, la décompoſition du ſavon n'a pas lieu, le caillebotté paroît au contraire à la ſurface d'une eau pure ſi l'on a employé plus de ſavon qu'elle n'en peut diſſoudre, ce qui rend l'uſage du ſavon en ſubſtance peu certain dans les eſſais analytiques. Pour obvier à ces inconvénients, je me ſers d'une diſſolution de ſavon dans l'eau diſtillée, un peu animée d'eſprit de vin; je prens deux onces de ſavon médecinal bien fait, je le coupe par petits morceaux, je le lave enſuite dans pluſieurs eaux pour lui enlever ſon excès d'alkali, après quoi

je le

je le jette dans un matras, je verſe par deſſus une pinte d'eau diſtillée & deux onces d'eſprit de vin; je laiſſe le tout en macération pendant quelques jours, en agitant le vaiſſeau de tems en tems; je filtre enſuite la liqueur à travers un papier gris, elle ſort très-limpide. C'eſt un réactif très-ſenſible qui décele la préſence des ſels neutres, vitrioliques, nitreux & marins à baſe calcaire, &c. tenus en diſſolution dans les eaux minérales même dans la moindre quantité poſſible.

11°. L'eau de chaux fait prendre à cette eau un coup d'œil louche, blanchâtre; ce qui eſt encore plus ſenſible ſi l'on emploie de cette eau rapprochée par l'évaporation. Suivant le ſentiment de M. Beaumé (chimie exper. tom. 3. pag. 501) le réſultat de cette expérience indiqueroit de l'alun ou de la ſélénite vitrifiable dans cette eau; cependant elle ne contient ni l'une ni l'autre de ces ſubſtances, comme je le démontrerai dans la ſuite. Ceci eſt occaſionné par une eſpèce de révivification de la chaux en pierre calcaire, par une ſubſtance ſaline alkaline contenue dans cette eau. Les alkalis fixes s'uniſſant à la chaux diſſoute dans l'eau, lui enlevent un principe qu'elle avoit obtenu du feu dans la calcination, ce qui lui fait perdre la

B

propriété d'être diffoluble dans l'eau, en la ramenant à fon premier état de terre calcaire.

12°. La diffolution de fel de faturne verfée dans cette eau, la blanchit dans l'inftant & occafionne un précipité qui acquiert peu à peu une couleur grife. C'eft un de ces effais que Mr. Monet regarde comme inutile; dans la differtation hiftorique qu'il a mife à la tête de fon traité des eaux minérales, on lit (pag. 14) que la diffolution de fel de faturne verfée dans l'eau la plus pure, la blanchit toujours & fournit un précipité. Cette erreur chymique eft trop palpable pour fubfifter longtems.

13°. La diffolution de nitre lunaire dans l'eau diftillée, verfée dans l'eau minérale, occafionne un précipité blanc pulvérulent qui peu de tems après devient d'un gris fale. Cela eft dû à un peu de phlogiftique que fournit l'alkali contenu dans cette eau.

14°. Le nitre mercuriel diffous dans cette eau, donne un précipité qui acquiert affez promptement une belle couleur jaune citrine. Le réfultat de ce procédé fembleroit annoncer la préfence de quelques fels vitrioliques dans cette eau; c'eft du moins le fentiment de laplûpart des chymiftes, notamment de Mr. Malouin, comme on le voit dans les mémoires qu'il a donnés à l'académie fur les eaux de Plombières, année 1746; mais l'expérience m'a pleinement convaincu que la couleur jaune de ce précipité n'étoit dûe qu'à une petite quantité d'alkali fixe contenu dans cette eau, & nullement à l'acide vitriolique.

Si l'on jette quelques grains d'alkali de la foude dans une pinte d'eau diftillée, & qu'on y verfe enfuite de la diffolution de mercure dans l'acide nitreux bien faturée, il fe fera un précipité de couleur jaune qui aura le coup d'œil du turbith minéral, quoique d'une nature bien différente.

Ceci prouveroit affez que la couleur jaune du turbith minéral n'eft point une propriété effentielle à l'acide vitriolique, comme on l'a cru jufqu'à préfent; mais un produit de la combinaifon du mercure avec le phlogiftique dans un état particulier, que Mayer nomme *acidum pingue.* Cela eft d'autant plus vraifemblable que l'acide le plus foible peut lui enlever fa couleur; que cette couleur ne commence à paraître que lorfqu'on a délayé ce précipité dans beaucoup d'eau, afin d'affoiblir fon excès d'acide & lui ôter par-là toute fon action fur la matière colorante du turbith minéral.

De l'examen des réactifs j'ai passé à d'autres essais.

15°. Quoique Mr. Monet regarde comme affez indifférent qu'on fe ferve de terrines de terre verniffées ou de terrines de grès pour l'évaporation des eaux minérales, je ne puis adhérer à fon fentiment. L'expérience nous démontre que fi l'on fait évaporer des eaux alkalines dans des terrines vernifées, l'incruftation faline qui refte après l'évaporation eft toujours noire, à caufe d'un peu de phlogiftique que fournit l'alkali à une petite portion de chaux de plomb qui n'a point été enveloppée par la matière vitrifiable, ce qui occafionne fa révivification. Il eft donc plus avantageux de fe fervir de terrines de grès ou de capfules de verre.

J'ai fait évaporer vingt pintes de cette eau dans une terrine de grès que j'ai placée fur un bain de fable faiblement échauffé. La liqueur ne s'eft point troublée pendant l'évaporation & je n'ai obfervé aucun précipité. Lorfqu'il y a eu à peu près les deux tiers d'évaporés, la furface de la liqueur s'eft trouvée couverte d'une pellicule fale; je l'ai filtrée à travers un papier jofeph, & après m'être affuré, par le moyen des réactifs & de la combuftion, que cette pellicule n'étoit autre chofe que de la pouffière du laboratoire, j'ai continué l'évaporation dans une capfule de verre. Lorfque la liqueur a été rapprochée, c'eft-à-dire près de fa defficcation, elle a pris une confiftance fyrupeufe, fans rien perdre de fa tranfparence. Il s'élevoit de tems en tems des cloches femblables à celles qu'on apperçoit fur la fin de l'évaporation des liqueurs chargées de quelques fubftances falines. L'évaporation achevée, il eft refté dans la capfule un réfidu d'un blanc un peu fale, pefant cent quinze grains, ce qui fait cinq grains trois quarts par pinte d'eau.

16°. J'ai expofé ce réfidu à l'air libre pendant quarante-huit heures : je n'ai pas remarqué qu'il en eût fenfiblement attiré l'humidité; cependant il avoit augmenté de poids de deux grains.

17°. J'ai pefé trente grains de ce réfidu fur lequel j'ai jetté peu-à-peu environ deux gros de vinaigre diftillé : il s'eft fait une vive effervefcence, lorfqu'elle a été pafsée & que j'ai été convaincu que le vinaigre n'avoit plus d'action fur la matière, j'ai étendu la liqueur avec deux gros d'eau diftillée, je l'ai filtrée enfuite à travers un papier jofeph que j'avois eu la précaution de pefer auparavant. La li-

queur exposée à l'évaporation infensible, dans
un verre, a fourni des criftaux en aiguilles femblables à la terre foliée criftallisée que l'on
nomme aufli fel aceteux marin; une partie de
la liqueur a conftamment refusé de donner des
criftaux. Après avoir bien fait sécher le filtre
& le réfidu qu'il contenoit, je l'ai jetté fur la
balance, j'ai trouvé qu'il pefoit environ 14
grains de moins qu'auparavant; ce qui démontre que ce réfidu contient un peu plus que
moitié de fubftance difloluble dans le vinaigre. Pour m'affurer de quelle nature étoit cette
fubftance, j'ai eu recours à l'expérience fui-
vante.

. 18°. J'ai jetté trente autres grains de ce réfidu dans du vinaigre diftillé; après avoir
étendu la liqueur avec un peu d'eau pure, je
l'ai filtrée. J'ai enfuite versé dans une partie,
de l'huile de tartre par défaillance, & dans
l'autre, de l'alkali volatil fluor. Il s'eft fait une
légère décompofition & précipitation, ce qui
prouve que ce réfidu contient un peu de terre
fur laquelle l'acide végétal a action.

. 19°. J'ai raffemblé les deux réfidus que le vinaigre n'avoit pu diffoudre; j'ai versé deffus
de l'acide vitriolique qui a encore occafionné
un mouvement d effervefcence; la diffolution

étendue dans un peu d'eau diftillée, a été filtrée. J'y ai versé enfuite un peu d'alkali fixe
très-pur en liqueur, ce qui a occafionné un
précipité terreux affez blanc, fous la forme
d'un *Magma*, qui étant examiné, s'eft trouvé
être de la nature de la terre alumineufe.

20°. L'autre partie de ce réfidu abfolument
indiffoluble par les acides même les plus actifs, ayant été lavée, je l'ai mife dans un creufet exposé à un feu violemment foutenu pendant deux heures: ayant enfuite retiré le creufet du feu pour examiner ce qu'il contenoit,
j'ai obfervé que la matière s'étoit divisée en
plufieurs morceaux; que fes parties s'étoient
liées entr'elles par une demi fufion, ce qui
avoit produit une efpèce de porcelaine affez
dure pour donner des étincelles avec l'acier,
& dont la caffure fe rapprochoit affez pour le
coup d'œil, de l'émail fondu; ce qui démontre que la terre contenue dans les eaux chaudes de Plombières, eft de nature argilleufe &
vitrifiable.

21°. Il reftoit encore cinquante-cinq grains
du premier réfidu; j'en ai mis la moitié dans
un verre & j'ai versé par deffus de l'acide vitriolique bien pur. Il s'eft fait une violente effervefcence; la faturation achevée, j'ai étendu

la liqueur avèc un peu d'eau diftillée, je l'ai enfuite filtrée & exposée à l'évaporation infenfible, elle a fourni des criftaux de fel de Glaubert & d'autres en très-petites aiguilles minces. J'en ai féparé quelques-unes, & les ayant examinées, j'ai reconnu, par le moyen de l'eau de chaux, que c'étoit de la félénite à bafe vitrifiable.

22°. Les vingt-fept autres grains & demi ayant été foumis à l'ébullition dans une once d'eau diftillée, & la liqueur ayant été filtrée, je l'ai exposée à l'évaporation fpontanée, elle a donné des criftaux de natrum, qui fans attirer fenfiblement l'humidité de l'air, ne tomboient cependant point en efflorefcence; ce qui m'a fait foupçonner que cet alkali étoit dans les eaux minérales dans un état particulier: pour m'en affurer,

23°. J'ai versé de l'acide vitriolique fur ces criftaux, jufqu'au point de faturation; j'ai ajouté un peu d'eau à la diffolution & je l'ai filtrée. Y ayant enfuite jetté quelques gouttes d'huile de tartre par défaillance, j'ai obfervé une légère décompofition, prouvée par la précipitation d'un peu de fubftance terreo-gelatineufe, unie, fans doute, à cet alkali dans l'eau minérale, fur laquelle l'acide vitriolique a agtion. C'eſt cette ſubſtance terro-gelatineuſe qui fait différer cet alkali de l'alkali minéral ordinaire.

24°. Pour plus d'exactitude, & pour ne laiſſer aucun doute que les principes contenus dans cette eau, n'ayent point été produits ou altérés par le feu, dans l'évaporation, j'en ai exposé cinq pintes à l'évaporation ſpontanée, c'eſt-à-dire, à la ſeule chaleur de l'atmoſphère, dans une capſule de verre. Il eſt reſté, après l'évaporation, une incruſtation d'un blanc aſſez brillant, attachée aux parois du vaiſſeau; cette incruſtation étoit de même nature que le réſidu obtenu par l'évaporation de ces eaux. J'ai répété les expériences ci-deſſus détaillées, elles m'ont conſtamment donné les mêmes réſultats.

ANALYSE
DE L'EAU
DU CRUCIFIX.

CETTE eau eſt ainſi appellée parce qu'elle ſort du pied d'une Croix de pierre, enfermée par une grille, ſous les arcades de Plombières. C'eſt l'eau de cette fontaine qui eſt communément deſtinée à la boiſſon des malades; ils la

reçoivent fortant du goulot dans des verres, &
la boivent incontinent. C'eft un abus, car cette
eau charie des paillettes de mica, lefquelles venant à fe loger entre les replis de la membrane
veloutée de l'eftomach, peuvent y occafionner une irritation capable de donner des co-
liques ou de provoquer le vomiffement. Il
feroit donc néceffaire de laiffer repofer l'eau
un moment avant de la boire, pour donner
lieu au mica de fe précipiter au fond du verre.

1°. L'eau du Crucifix donne 39 dégrès au
thermomètre de Reaumur.

2°. Elle eft limpide, prefque fans faveur &
fans déboire.

3°. Elle donne, au pefe-liqueur, le même
dégré de pureté que celle du gros goulot,
lorfqu'on l'a ramenée au même dégré de ré-
froidiffement.

4°. Cette eau n'eft point gafeufe, comme
je m'en fuis affuré par le moyen d'une veffie
& par fa diftillation dans une cornue au bec
de laquelle j'avois luté un récipient à demi
plein d'eau de chaux, laquelle n'eft point devenue laiteufe.

5°. Cette eau fortant de la fource, versée
fur des fleurs de mauves, prend en peu de
tems une couleur verte.

6°. La noix de galle, les alkalis fixes & volatils, ainſi que l'alkali pruſſien mêlés avec
cette eau, n'occaſionnent aucun changement
ſenſible.

7°. Tous les acides s'y uniſſent ſans efferveſcence bien marquée ; mais elle devient
très ſenſible ſi l'on emploie de cette eau rapprochée par l'évaporation.

8°. Une diſſolution de ſavon dans l'eau diſtillée, verſée dans cette eau, n'en reçoit aucune altération; cette eau concentrée par l'é-
vaporation, diſſout également bien le ſavon.

9°. L'eau de chaux verſée dans cette eau,
lui communique un coup d'œil laiteux; ceci a
lieu, comme je l'ai déjà dit, à raiſon de la
propriété qu'ont les alkalis fixes d'enlever à
la chaux diſſoute dans l'eau, un principe qu'-
elle avoit reçu du feu dans la calcination; principe qui facilitoit ſa diſſolution dans l'eau, &
dont la perte la prive de cette propriété, en
la ramenant à la nature de terre calcaire.

10°. La diſſolution de ſel de ſaturne dans
l'eau diſtillée, verſée dans cette eau, la blanchit à l'inſtant; il ſe fait peu après un précipité de couleur griſâtre.

11°. Le nitre lunaire diſſous dans cette eau,
occaſionne également un précipité qui prend
une couleur griſe.

12°. La diſſolution de nitre mercuriel dans l'eau diſtillée, versée dans cette eau, produit un précipité qui acquiert en peu de tems une belle couleur jaune, ſemblable au turbith minéral ; j'en ai donné la raiſon dans le dix-ſeptième procédé de l'analyſe de l'eau chaude du grand bain.

13°. J'ai fait évaporer vingt pintes de cette eau dans une capſule de grès bien unie, ſur un bain de ſable ; elle a fourni un réſidu d'un blanc ſale, peſant environ cent dix grains, ce qui fait cinq grains & demi par pinte.

14°. Ce réſidu exposé à l'air libre ne s'eſt point réſous en liqueur, il a cependant augmenté de poids.

15°. Le vinaigre diſtillé, verſé ſur vingt-cinq grains de ce réſidu, a occaſionné une vive efferveſcence ; la ſaturation achevée, j'ai filtré la liqueur à travers un papier joſeph que j'avois eu la précaution de peſer auparavant. La liqueur ſoumiſe enſuite à l'évaporation & à la criſtalliſation, a fourni un ſel en aiguilles minces, ſemblable à la terre follicée criſtalliſée : une partie de la liqueur a également refuſé de donner des criſtaux.

Le filtre & ce qu'il contenoit ayant été jetté ſur une balance, après l'exacte deſſication, s'eſt trouvé peſer douze grains de moins qu'auparavant, ce qui démontre que le réſidu de ces eaux contient un peu plus que moitié de ſubſtance diſſoluble dans le vinaigre : pour m'aſſurer de quelle nature étoit cette matière, je l'ai ſoumiſe aux expériences ſuivantes.

16°. J'ai pesé vingt-cinq autres grains de ce réſidu, ſur lequel ayant versé du vinaigre diſtillé juſqu'au point de ſaturation, j'ai étendu la liqueur avec un peu d'eau diſtillée; je l'ai filtrée enſuite à travers un papier joſeph : après quoi, ayant versé dedans de l'alkali fixe bien pur, en liqueur, il s'eſt fait un léger précipité; la liqueur eſt devenue laiteuſe, ce qui prouve évidemment que cette ſubſtance diſſoluble dans le vinaigre eſt un peu terreuſe. Ce précipité terreux ſoumis à la calcination, a pris les caractères de la chaux vive, ce qui prouve qu'il eſt de nature calcaire.

17ᵛ. Pour m'aſſurer enſuite de quelle nature pouvoit être la ſubſtance ſaline, j'ai jetté tout ce qui reſtoit du réſidu de ces eaux, c'eſt-à-dire environ ſoixante grains, dans de l'eau pure, j'ai fait prendre un bouillon à la liqueur, puis je l'ai filtrée, enſuite je l'ai ſoumiſe à l'évaporation & à la criſtalliſation, elle a fourni des criſtaux de *natrum* ou alkali marin.

18°. Ces criftaux combinés jufqu'au point de faturation, avec l'acide vitriolique, ont produit du fel de Glaubert.

19°. J'ai raffemblé enfuite les deux réfidus fur lefquels le vinaigre n'avoit plus d'action, ainfi que celui qui étoit refté du procédé 17, (c'eft-à-dire que l'eau n'avoit pu diffoudre) le tout pefant environ cinquante-trois grains; j'ai verfé par deffus de l'acide vitriolique qui a encore occafionné un mouvement d'effervefcence.La liqueur filtrée & évaporée, a donné, par la voie de la criftallifation, de la sélénite à bafe vitrifiable.

20°. L'autre partie de ces réfidus, abfolument indiffoluble dans les acides même les plus actifs, ayant été lavée & enfuite exposée à un feu violent, dans un creufet, s'eft converti en une efpèce de porcelaine.

21°. J'ai dit plus haut que le vinaigre diftillé jetté fur le réfidu des eaux du grand bain & fur celui des eaux du Crucifix, fourniffoit un fel cryftallifable; mais qu'une portion de la liqueur refufoit de donner des cryftaux: j'ai verfé dans ces deux portions de liqueur de l'acide vitriolique, il s'eft fait une effervefcence; la liqueur foumife à l'évaporation fpontanée a donné des cryftaux de fel de Sedlitz,

ce qui prouve la préfence de la magnéfie dans
les eaux du grand bain & dans celles du Crucifix.

22°. Pour completter toutes mes expériences, j'ai foumis cette eau à l'évaporation fpontanée, elle m'a donné exaclement les mêmes
réfultats.

D'après ces procédés analytiques, il eft aisé
de juger que l'eau du Crucifix eft abfolument
de même nature que celle qui fort du gros
goulot, au milieu de Plombières. Il en eft
de même des autres eaux thermales de ce
bourg : après les avoir fcrupuleufement examinées, chacune à part, j'ai reconnu qu'elles
étoient de même nature.

Comme les expériences que j'ai faites fur
ces différentes eaux ne feroient que la répéti-
tion de celles dont je viens de rendre compte,
je me difpenferai de les rapporter ici ; la feule
différence fenfible qu'on remarque, confifte
dans leur chaleur : je vais expofer le dégré
de chacune d'elles en particulier.

Bain des Capucins.

Le 24 octobre 1777, entre huit & neuf heures du matin, la température de l'air marquant
fept dégrés au deffus de la congélation, j'ai

plongé un thermomètre bien fenfible dans la
la fource qu'on nomme *Trou des Capucins*, le
mercure eft monté à 39 dégrés.

Bain neuf.

L'eau du bain neuf fortant de différents gou-
lots de fer, ne marque que vingt-huit dégrés.

Robinet dans l'un des angles de la falle du bain neuf.

L'eau fortant de ce robinet, qui fert à donner les douches, a fait monter le mercure à
quarante-deux dégrés.

Grand bain.

Le thermomètre plongé au milieu des eaux
du grand bain, a marqué trente-deux dégrés.

Bain des Dames.

L'eau fortant du goulot donne quarante-
un dégrés; le thermomètre plongé enfuite dans
le milieu du baffin, eft defcendu à trente.

On peut rapporter la caufe des différents
dégrés de chaleur des eaux thermales de Plombières, au mélange qui fe fait fous terre des
eaux chaudes avec les eaux froides, en proportions

portions différentes ; ce qui femble autorifer cette conjecture, c'eft que j'ai remarqué que l'eau la plus chaude donnoit un peu plus de réfidu que celle qui avoit quelques dégrés de chaleur de moins.

Les différents états de concentration qu'é prouvent ces eaux par l'évaporation, relati-vement à la chaleur plus ou moins forte qu'el-les ont effuiée, pourroit bien être la caufe de cette plus ou moins grande quantité de réfidu que j'ai obfervée.

Des eaux tempérées.

Il y a encore à Plombières d'autres eaux qui tiennent le milieu entre les eaux chaudes & les eaux froides ; on les nomme eaux tem-pérées, elles donnent au thermomètre depuis dix-fept jufqu'à vingt-deux dégrés : telles font les eaux qui fortent d'un rocher dans le fond d'un petit caveau pratiqué dans la feconde ter-raffe du jardin des Capucins ; elles font peu abondantes, on les croit propres aux maladies des yeux.

Je me fuis affuré par l'expérience qu'elles n'étoient que le produit du mélange qui fe fait fous terre des eaux chaudes avec les eaux froides. Par la voie des réactifs, elles ont

C

donné à peu près les mêmes réfultats que les eaux chaudes : la feule différence bien marquée, c'eft qu'elles n'ont point altéré les fleurs de mauves ; cela vient probablement de ce que l'alkali contenu dans ces eaux y eft trop étendu pour avoir une certaine activité fur la couleur bleue des végétaux.

Ces eaux foumifes à l'évaporation, ont fourni un réfidu de même nature que celui des eaux thermales , mais moins abondant, il n'alloit qu'à trois grains & demi par pinte.

CONCLUSION.

Les conféquences à tirer de ces analyfes, font : 1°. Que toutes les eaux chaudes & tempérées de Plombières font abfolument de même nature. 2°. Qu'elles ne tiennent en diffolution aucunes fubftances métalliques ni fels neutres. 3°. Qu'elles contiennent depuis environ deux grains jufqu'à deux grains & demi de *natrum* par pinte. 4°. Qu'elles contiennent de la terre de différente nature, favoir ; celle dont on fait la porcelaine, c'eft-à-dire vitrifiable en partie & en partie réfractuaire, de la terre calcaire & de la magnéfie. 6°. Que les différentes efpèces de terre contenues dans ces eaux pourroient fort bien n'ètre que le produit de la décompofition d'une matière fpathique fur laquelle l'eau a un peu d'action; j'en parlerai ci-après.

Tous les chimiftes favent que la terre vi-trifiable peut changer de nature & devenir calcaire en s'affimilant à la fubftance des ani-maux par la voie de la végétation; ce qui ne peut avoir lieu que par l'action d'un fluide très-actif qui feul peut atténuer & divifer la terre vitrifiable au po'nt de la rendre propre à entrer dans la compofition des végétaux, comme principe conftituant. Cet agent fin-gulier ne pourroit-il pas amener la terre vi-trifiable à l'état calcaire par quelques autres procédés particuliers ? &c.

Vertus médecinales des eaux thermales de Plombières.

Pour fe convaincre de l'efficacité de ces eaux dans un grand nombre de maladies, il fuffit de jetter un coup d'œil fur cette foule d'obfervations médecinales que l'on trouve dans les divers auteurs Mrs. *de Rouverois*, *Richardot*, le *Maire*, &c. on ne pourra voir fans une furprife mêlée d'admiration, le grand nombre de cures opérées par l'ufage de ces eaux, tant en boiffon, qu'en bains, douches & vapeurs. C ij

Les bons effets de ces eaux ne doivent-ils être attribués qu'aux substances étrangères qui y sont contenues? la quantité en est si petite, qu'elle amène naturellement cette autre question : Comment deux grains d'alkali minéral & environ autant de terre, dissous dans une pinte d'eau, peuvent-ils la rendre salutaire? Je répons que les eaux minérales n'agissent pas seulement à raison des substances étrangères qu'elles contiennent, mais aussi à raison des différents dégrés de leur pureté. Si l'usage continué de l'eau pure, dans les maladies chroniques, a de si grands avantages, combien cette eau n'aura-t'elle pas plus d'efficacité, si outre sa pureté elle contenoit encore des substances, lesquelles en s'assimilant à nos humeurs, sans troubler l'ordre de l'économie animale, corrigeroient celles qui sont viciées? Telles sont les eaux de Plombières, dont la pureté approche de celle de l'eau distillée, & qui ne contiennent que des substances capables de donner plus de fluidité à nos humeurs, de ranimer la circulation, de déterminer les secrétions & l'action du fluide nerveux: c'est ce qui les rend très-bonnes dans les paralisies, les rhumatismes, les sciatiques, la goutte vague; elles lèvent les obstructions & guérissent en général toutes les maladies qui ont pour cause l'épaississement de la lymphe & l'engorgement des vaisseaux. Elles atténuent & divisent les humeurs visqueuses qui engorgent le poumon ; elles facilitent l'expectoration ; elles conviennent dans les maladies des reins & de la vessie ; elles rétablissent la transpiration arrêtée, ce qui les rend propres à toutes les maladies de la peau.

On ne finiroit pas si on vouloit entrer dans le détail de toutes les maladies qu'elles peuvent guérir ; mais comme il est des cas particuliers où elles seroient plus nuisibles que salutaires, il sera toujours très-prudent de consulter un médecin éclairé avant d'en faire usage.

Des eaux froides de Plombières.

Outre les eaux thermales, il y a encore à Plombières d'autres sources d'eaux minérales, savoir ; les eaux ferrugineuses & les eaux dites savoneuses. La découverte des premières est due à la générosité de M. l'Evêque de Soissons, aux frais du quel on a pratiqué un canal de dégorgement, un bassin pour recevoir les eaux & une voûte pour les mettre à l'abri des injures de l'air. Il seroit très-utile de poursuivre les travaux commencés par ce prélat bienfaisant; ie pense que pour trouver la source immédiate de cette fontaine, il faudroit ouvrir la terre dans la direction du cours de l'eau. Le moindre avantage qu'on en retireroit, seroit de la mettre hors du danger de l'altération par les pluies ou par le mélange de quelques substances étrangères qu'elle peut rencontrer: peut-être aussi la trouveroit-on plus abondamment pourvue de cet esprit minéral qu'on nomme *gas*, auquel on doit attribuer en grande partie l'efficacité des eaux minérales acidules.

ANALYSE

DE L'EAU MINÉRALE

DE LA FONTAINE BOURDEILLE, A PLOMBIERES.

IL est juste de donner à cette fontaine le nom de celui à qui l'on en doit la découverte. Elle est située dans le milieu de la promenade de Plombières. Son bassin est à environ sept pieds de profondeur, enfermé dans une espèce de grotte couverte de grosse pierres de grès, dans laquelle on descend par quelques marches.

1°. Le 25 octobre le termomètre exposé à l'air libre au nord, marquoit dix degrés au deſſus de la glace ; exposé enſuite ſous la voûte de la fontaine, il eſt deſcendu à huit ; enfin, l'ayant plongé dans l'eau, il eſt remonté à douze dégrés.

2°. Cette eau eſt aſſez abondante, & recouverte, ainſi que toutes les eaux ferrugineuſes, d'une pellicule ochreuſe, reflétant les couleurs de l'iris. Cette pellicule eſt produite par une portion de fer qui avoit été tenue en diſſolution dans l'eau, par le moyen d'une ſubſtance que je me propoſe de faire connaître, laquelle venant à abandonner le fer, le prive de la propriété d'être diſſoluble dans l'eau ; c'eſt ce qui force ce métal de s'en ſéparer & de venir occuper la ſurface de l eau ſur laquelle il ſe ſoutient à cauſe de ſon extrême diviſion. Les couleurs de l'iris ſont produites par le phlogiſtique qui abandonne le fer. La matière ochreuſe que l'on apperçoit dans le fond du baſſin, provient également du fer privé de l'intermède qui facilitoit ſa diſſolution ; ce ſont les molécules ferrugineuſes les moins diviſées qui ſe ſont précipitées.

3°. Cette eau eſt très-limpide & d'un goût minéral ferrugineux, elle prend un coup d'œil d'un rouge obfcur lorfqu'on la mêle avec de la noix de galle.

4°. Versée, au fortir de fa fource, fur des fleurs de mauves, elle devient rougeâtre.

5°. Les acides mêlés avec cette eau, n'ont paru faire aucune effervefcence, il s'eft feulement élevé quelques bulles d'air fous la forme de petites perles.

6°. Les alkalis fixes & volatils s'y font mêlés fans occafionner d'altération fenfible.

7°. L'alkali pruffien a fait prendre à cette eau une couleur légerement bleuâtre.

8°. La diffolution de faturne versée dans cette eau a occafionné un précipité noirâtre.

9°. La diffolution de nitre lunaire dans l'eau diftillée, versée dans cette eau, n'a produit qu'un précipité extrêmement rare.

10°. Le nitre mercuriel diffous dans cette eau, fournit un précipité de couleur jaune.

11°. L'eau de chaux mêlée avec cette eau, devient légèrement laiteufe.

12°. J'ai foumis feize pintes de cette eau à l'évaporation, dans une terrine de grès, fur un bain de fable, lorfqu'elle a acquis un certain dégré de chaleur, elle eft devenue jaunâtre & a laiffé précipiter une matière ochreufe, laquelle recueillie par le moyen d'un filtre, pefoit deux grains.

13e. J'ai mêlé ce précipité avec un peu d'huile, je l'ai exposé enfuite au feu dans un creufet. La flamme ayant cefsé de paraître, j'ai retiré le creufet du feu, quand il a été refroidi j'ai versé fur du papier ce qu'il contenoit, je lui ai préfenté enfuite le barreau aimanté qui en a attiré prefque le tout; ce qui démontre que ce précipité eft une chaux ferrugineufe.

14°. J'ai continué l'évaporation de cette eau privée de fa partie ferrugineufe, quand elle a été réduite à près de moitié, j'en ai pris une verrée fur laquelle j'ai fait les expériences fuivantes.

15°. J'ai versé un peu de cette eau concentrée fur des fleurs de mauves, elle a pris fur le champ une couleur verte : unie à la noix de galle, elle ne déceloit aucunement la préfence du fer.

16e. J'en ai mêlé une autre partie avec de l'eau de chaux, elle eft devenue laiteufe.

17°. J'ai versé dans l'autre partie de la diffolution de nitre lunaire, ce qui a occafionné un précipité de couleur grife tirant un peu fur le jaune.

Le refte de l'eau ayant été foumis à l'évaporation jufqu'à ficcité, a donné un réfidu falé d'un blanc jaunâtre du poids de dix-fept grains

ou environ, ce qui fait un grain par pinte
d'eau, & un feizième.

19°. J'ai versé fur ce réfidu du vinaigre diftillé qui a occafionné une vive effervefcence.
Lorfque la faturation a été achevée, j'ai étendu le tout dans un peu d'eau diftillée, enfuite
j'ai filtré la liqueur pour la débarraffer d'une
portion du réfidu que le vinaigre n'avoit pu
diffoudre; dans une partie de la diffolution j'ai
verfé de l'alkali fixe en liqueur bien pur, il a
occafionné un précipité blanc que j'ai recueilli
par le moyen d'un filtre; l'ayant enfuite exposé
au feu, j'ai reconnu qu'il avoit pris les caractères de la chaux vive; il précipitoit en rouge
briqueté, la diffolution de mercure par l'acide
marin, ce qui prouve que ce précipité eft de
nature calcaire.

20°. J'ai expofé à l'évaporation infenfible
l'autre partie de la diffolution du réfidu falin
dans le vinaigre, elle a donné des criftaux de
fel acéteux marin & calcaire : une partie de la
liqueur a refufé de donner des criftaux.

21°. J'ai verfé enfuite de l'acide vitriolique
fur cette portion du réfidu fur lequel le vinaigre n'avoit eu aucune action, il a occafionné
un léger mouvement d'effervefcence. La liqueur étant filtrée, j'y ai verfé un peu d'alkali

fixe en liqueur, ce qui a occafionné encore une précipitation terreufe : j'ai examiné cette ma-tière, & j'ai reconnu qu'elle étoit de nature vitrifiable.

22°. La dernière portion du réfidu fur la-quelle les acides n'avoient aucune action, ayant été foumife à un feu violent, s'eft con-vertie en une matière vitriforme affez fem-blable à l'émail.

23°. J'ai également foumis deux pintes de cette eau à l'évaporation infenfible, elle a don-né les mêmes produits, favoir; d'abord une terre ochreufe, enfuite, par l'entière defficca-tion, elle a fourni une incruftation falino-terreufe blanche, fur laquelle ayant procédé de même que fur le réfidu de l'évaporation par le feu, elle a donné les mêmes réfultats.

24°. Cette eau fe décompofe même dans des bouteilles bien bouchées, fi on les expofe à la chaleur de l'atmofphère : l'acide particu-lier qui tient le fer en diffolution s'évapore, ce qui oblige le fer à fe précipiter dans les bou-teilles, fous la forme d'ochre; ceci n'a pas lieu fi l'on a l'attention de n'expofer les bouteilles qu'à trois ou quatre dégrés au deffus de la glace; mais cela augmente confidérablement les embarras du tranfport de ces eaux.

CONCLUSIONS.

1°. Il réfulte de ces expériences que cette eau eft faiblement *gafeufe*.

2°. Qu'elle tient en diffolution, par le fecours d'un intermède particulier, environ un quart de grain de fer par pinte.

3°. Qu'elle contient de la terre de trois efpèces, favoir, l'une crétacée, l'autre de nature vitrifiable & un peu de magnéfie; la totalité peut être évaluée à un demi grain par pinte & un feizième.

4°. Que cette eau tient en outre en diffolution environ un quart de grain de *natrum* par pinte.

Vertus médecinales de l'eau de la Fontaine Bourdeilles.

Il eft peu d'eaux minérales qui approchent du dégré de pureté de cette fontaine; c'eft ce qui la rend très-précieufe & doit lui faire accorder la préférence dans les maladies où les eaux ferrugineufes font indiquées.

Réflexions fur le gas des eaux minérales & fur la diffolubilité du fer dans l'eau.

L'opinion de M. Venel fur la diffolubilité

du fer dans les eaux minérales, & fur cet efprit qui leur a fait donner le nom d'*acidules*,
ne m'a jamais paru probable. Il attribue ces
différents effets à la combinaifon de l'air avec
l'eau, ce qui produit, felon lui, un véhicule
gafeux qui a action fur beaucoup de fubftances minérales. Pour appuyer cette affertion,
il donne les moyens de fe procurer à volonté
une eau acidule femblable aux eaux *gafeufes*
naturelles. Il ne s'agit que d'enlever l'air principe ou fixe d'un corps quelconque, par le
moyen des acides, pour le tranfmettre à une
certaine quantité d'eau. Pour cet effet, M.
Venel emploie de la craie qu'il renferme dans
un vaiffeau tubulé, exactement luté à un autre dans lequel eft contenue de l'eau pure : il
verfe enfuite un acide quelconque fur la craie,
par la tubulure qu'il bouche foigneufement
après. Il fe fait une vive effervefcence ; il
paffe dans le vaiffeau de rencontre une grande
quantité de vapeurs, qui, felon M. Venel,
ne font que l'air principe de la craie, lequel
venant à rencontrer l'eau contenue dans le
récipient, s'unit à elle & lui communique
une faveur piquante que l'on nomme *gas*.

Qu'on me permette ici quelques queftions.
M. Venel & les partifans de l'air fixe font-

ils bien convaincus, bien affurés que l'air fixe provenant de la décompofition d'un corps par les acides, foit bien pur & qu'il ne foit pas uni à une matière hétérogène: mais s'il étoit ainfi, pourquoi en refpirant cet air fixe, en ferions-nous fuffoqués? pourquoi n'ont-ils pu communiquer à l'eau ce goût piquant que l'on nomme *gas*, qu'avec l'air fixe provenant d'une fubftance en fermentation ou en décompofition avec les acides? l'art auroit-il épuifé fes reffources pour produire des eaux *gafeufes*, fi cela ne dépendoit que de l'union de l'air avec l'eau; il me femble qu'on s'eft trop preffé de décider fur cette matière: des recherches plus exactes, des réflexions plus profondes auroient fait foupçonner au moins le concours d'une autre fubftance avec l'air pour la formation du *gas* ou efprit minéral des eaux.

M. Monet confidérant en naturalifte l'opinion de M. Venel fur la diffolubilité du fer dans les eaux minérales, ne peut être de fon avis. Il trouve une extrême difficulté à faire pénétrer l'air dans l'intérieur de la terre pour opérer cette combinaifon. Le développement de l'air fixe provenant de la décompofition de quelques fubftances minérales par les

acìdes, toujours foutenu avec la même acti‑
vité dans l'intérieur de la terre, comme le fup‑
pofe M. Venel, ne lui paroit pas plus facile à
expliquer. Il penfe qu'il eft plus naturel d'at‑
tribuer cette diffolution métallique à l'eau feule.

Il appuie fon opinion fur l'expérience fui‑
vante :

Si l'on verfe, dit-il, de l'eau claire fur de la
limaille de fer bien neuve, renfermée dans une
cruche de grès bouchée exactement, & qu'on
place la cruche dans un lieu frais, ayant foin
de l'agiter de tems en tems, on obtiendra, dans
l'efpace de deux jours, une eau qui aura la
propriété de fe colorer en violet par l'addi‑
tion de la noix de galle. *Voilà donc*, dit-il,
*la diffolubilité du fer, par l'eau feule, enfin
prouvée.* Non pas encore à mes yeux. Il me
femble que pour fortifier cette preuve, M.
Monet auroit dû premièrement démontrer la
pureté du fer dans l'état de mine. Or, felon
les naturaliftes, rien n'eft plus rare que de
rencontrer du fer natif dans les entrailles de
la terre, il y eft prefque toujours uni à une
gangue étrangère à fa nature, ou minéralifée
par un agent très-fubtil.

Il auroit fallu en outre que M. Monet eût
pu produire une eau ferrugineufe en em‑

ployant de l'eau diftillée & de la limaille de
fer lavée & bien pure, ou mieux encore, l'æ-
thiops martial de *Lémery*, qui n'eft qu'un fer
pourvu de fon phlogiftique , mais extrêmement divifé, préfentant par là plus de furface
à l'eau, & par conféquent plus expofé à fon
action que la limaille de fer. Or, M. Monet
n'a jamais pû y parvenir , ni aucun de ceux
qui ont tenté cette expérience.

M. Monet recommande de boucher exa-
&tement le vaiffeau qui contient l'eau & la limaille quand on veut réuffir à faire difloudre
le fer , afin d'intercepter toute communication
de l'air extérieur avec celui du vaiffeau, fans
quoi, dit-il, la précipitation du fer auroit
lieu.

Cette précaution eft bonne, mais ce n'eft
pas par la raifon qu'en apporte M. Monet.
Si l'eau feule pouvoit difloudre le fer, il im-
porteroit peu que le vafe fût bouché ou à découvert, fur-tout s'il eft placé dans un lieu
frais, comme on le recommande;& fi d'ailleurs
il ne préfente à l'air qu'une iffue étroite telle
que l'embouchure d'une cruche ou d'une bouteille, il n'eft pas à craindre que l'eau ainfi
renfermée & placée, puiffe recevoir d'altération de la part de l'air; mais il falloit donner

ner une raison quelconque de la précipitation
du fer dans les vaisseaux ouverts.

M. Bergman, professeur de chimie à Upsal,
attribue le *gas* des eaux minérales à un acide
aërien qu'il nomme aussi air fixe, lequel, dit-
il, est répandu dans toute l'atmosphère. Encore un pas, & nous nous rencontrerions dans
toutes nos expériences.

Si le *gas* n'étoit que l'air combiné; pourquoi cet air seroit-il incoërcible à un certain
point? qui lui auroit communiqué la propriété de passer par les pores du verre même,
ainsi qu'on le remarque dans la distillation
des eaux gaseuses; quelque précaution que l'on
apporte dans le lut des vaisseaux; comme on
l'éprouve aussi dans le transport de ces eaux, lesquelles à leur arrivée, ont perdu presque toute
leur saveur piquante; sans diminution sensible
de quantité, quoique renfermées avec soin dans
des bouteilles bien bouchées & goudronnées?
depuis quand l'air a-t'il la vertu de franchir
de telles barrières, lui qu'on pouvoit autrefois
comprimer dans de simples vessies? ces réflexions seules n'auroient-elles pas du rendre
les chimistes modernes plus circonspects dans
leurs assertions sur cet objet?

Le *gas*, ou esprit minéral des eaux, n'est

D

donc point feulement une combinaifon de l'air avec l'eau. Qu'eft-ce donc ? j'ai lieu de croire que cette fubftance ne peut être qu'un compofé d'air & d'eau par l'intermède du fluide électrique ; c'eft ce fluide merveilleux qui accompagne l'air principe de tous les corps naturels, & qui feul peut être la caufe première de leurs combinaifons & de leurs décompofitions. Ce n'eft point ici un fyftême enfanté par l'efprit de contradiction ou par l'amour de la nouveauté ; encore moins une de ces difputes de mots fi fréquentes en chymie. J'ai cherché la vérité avec toute la bonne foi & le zèle dont je fuis capable ; je me fuis confirmé dans mon opinion par une foule d'expériences répétées avec la plus fcrupuleufe exactitude.

Avant d'en rendre compte & d'en préfenter les réfultats, je reviens un moment au fyftême de M. Monet.

Pourquoi ce naturalifte n'a-t'il pu parvenir à créer une eau ferrugineufe avec de l'eau diftillée & de la limaille de fer bien pure ? c'eft que l'eau qui a fubi un certain dégré de chaleur, eft privée du fluide électrique furabondant, ainfi que le fer lorfqu'il a été pénétré par l'eau.

Quant à l'eau vive & fraîche, je conçois

comment M. Monet a pû la rendre ferrugineuse avec de la limaille de fer bien neuve. Toutes les eaux froides sortant de leurs sources, contiennent plus ou moins de fluide électrique par surabondance, elles le conservent tant qu'elles n'ont pas éprouvé un dégré de chaleur supérieur, ou même égal à celui de l'atmosphère. Si l'on verse de l'eau froide sortant de sa source sur du fer nouvellement réduit en limaille, elle le pénétrera & le divisera. Cette division dégagera le fluide électrique contenu dans le fer, qui s'unissant à celui de l'eau & à l'air qu'elle contient, fourniront du gas, lequel agira ensuite sur le fer & en dissoudra une petite portion : ainsi les expériences même de M. Monet prouvent en faveur de mon sentiment.

Expériences sur le gas des eaux minérales.

Examinant un jour avec attention le bassin de la fontaine *Bourdeille*, j'apperçus quelques vapeurs qui s'élevoient peu à peu & qui gagnoient insensiblement la voûte de la grotte à laquelle elles s'attachoient en se condensant en liqueur. Je voulus m'assurer de quelle nature étoient ces vapeurs ; pour cet effet :

1°. Je suspendis, par le moyen d'un fil,

des fleurs de mauves enfermées dans un nouet
de toile peu ferrée, à un demi pied de diftance
de l'eau; je laiffai le nouet ainfi fufpendu dix
à douze heures: ayant enfuite examiné les
fleurs, je les trouvai changées en rouge, ce
qui m'engagea à pouffer plus loin mes expériences.

2°. J'impregnai deux morceaux de linge
blanc, l'un d'alkali fixe du tartre bien pur en
liqueur, & l'autre d'une forte diffolution de
criftaux de foude dans l'eau diftillée; j'étendis
mes linges fur des carrelets de bois, je les fixai
par un de leurs angles, dans un trou pratiqué
à cet effet dans un des murs de la grotte, à un
demi pied environ de diftance de la furface
de l'eau; je les laiffai ainfi pendant vingt-
quatre heures, au bout de ce tems j'enlevai
les linges & les laiffai fécher à l'air libre. Les
ayant enfuite examinés, je m'apperçus que celui qui avoit été impregné d'huile de tartre
par défaillance, avoit pris dans certains en-
droits une forte de folidité occafionnée par
une efpèce de criftallifation, ce que l'on remarquoit à des points brillants lorfqu'on expofoit ce linge au foleil : j'obfervai encore
que cet alkali n'altéroit plus fi puiffamment
l'humidité de l'air, & qu'il avoit perdu fenfiblement de fon acrimonie.

Celui qui contenoit de l'alkali marin, pré-
fentoit à la vue une criftallifation en petites
aiguilles minces, qui n'avoient plus la cau-
fticité des criftaux de fonde, mais une faveur
plus douce & légèrement falée.

Je recueillis enfuite, par le moyen d'une
éponge, toute la liqueur qui étoit condenfée
à la voûte de cette fontaine, j'en obtins environ quatre onces, fur lefquelles je continuai
mes expériences.

3°. Cette liqueur eft limpide & d'une faveur
aftringente.

4°. Si l'on en verfe quelques gouttes dans
la teinture de tournefol, elle prend auffi-tôt
un coup d'œil rouge.

5°. Elle ne décèle aucunement la préfence
du fer lorfqu'on la mêle avec de la noix de
galle, lors même qu'elle eft étendue dans de
l'eau diftillée.

6°. Cette liqueur verfée fur de l'eau de
chaux, occafionne un précipité blanc.

7°. Je verfai dans un verre environ une
demi once de ce *gas* recueilli à la voûte de
la fontaine *Bourdeille*, j'y jettai peu à peu environ moitié de fel de tartre très-pur, en liqueur, il fe fit un précipité blanc affez abondant, j'en féparai la liqueur par le moyen du

fenfible, elle donna une criftallifation irrégu-
lière très-difficile à fe defsécher : ce fel étoit
beaucoup plus doux que l'alkali ordinaire,

8°. Le précipité ayant été foumis en partie
au feu, il prit les caractères de la chaux vive.

9°. Je verfai du vinaigre diftillé fur l'autre
partie, elle en fut entièrement diffoute : cette
diffolution foùmife à l'évaporation & à la criftallifation, donna un fel acéteux calcaire, une
partie de la liqueur refta incriftallifable, je verfai de l'acide vitriolique, & j'obtins par la
criftallifation, du fel de fedlitz.

10°. Ayant également combiné l'alkali marin avec cette liqueur, il fe fit auffi un précipité : la liqueur filtrée & évaporée, donna,
par la voie de la criftallifation, un fel en petites aiguilles, d'une faveur peu âcre & peu
falée.

119. Je filtrai enfuite une once de cette liqueur, ou *gas*, je la fis évaporer dans une petite capfule de verre, à la chaleur d'un bain-
marie, j'obtins un réfidu très-blanc, affez léger, qui avoit une faveur âpre : j'en jettai la
moitié dans l'eau diftillée qui en fit une décompofition prefque complette : je jettai des fleurs
de mauves fur cette diffolution, elles n'en fu-
rent pas fenfiblement altérées.

12°. Je verfai fur l'autre partie de ce réfidu, du vinaigre diftillé, la diffolution eut également lieu; on remarquoit des bulles fous la forme de perles, qui s'échapoient de tems en tems. Tout ceci prouve que le *gás* recueilli à la voûte de la fontaine *Bourdeille*, n'eft point pur, mais uni à une fubftance terreufe qu'il tient dans un vrai état de diffolution; qu'il peut produire, avec différentes fubftances, des fels neutres; mais on remarque en même tems qu'il eft le plus foible des acides; puifqu'il peut être déplacé de fes combinaifons par le vinaigre même.

13°. Je pefai enfuite deux gros de cette liqueur gafeufe, je la jettai fur de la limaille de fer bien pure, l'efferveſcence ne fut pas bien marquée, mais la diffolution eut cependant lieu; après l'avoir filtrée, j'en verfai deux ou trois gouttes dans une pinte d'eau diftillée, ce qui la rendit affez ferrugineufe pour fe colorer en violet foncé avec la noix de galle. Cette eau ferrugineufe artificielle reffembloit d'ailleurs à celle de la fontaine Bourdeille; comme elle, elle laiffoit précipiter fon fer à l'air libre, & fe couvroit d'une pellicule ochreufe azurée.

Du spath phosphorique.

Le réfultat des expériences précédentes me démontrant l'analogie qu'il y a entre le *gas* des eaux & ce qu'on nomme acide fpathique, j'ai été tenté de foumettre à l'analyfe une de ces fubftances minérales qui contient cet açide. J'ai employé du fpath phofphorique que l'on trouve abondamment à Plombières au pied des montagnes & dans l'intérieur des maifons. Ce fpath eft d'un blanc verdâtre, recouvert d'une chaux ochreufe; c'eft un amas de petits criftaux en lames minces, appliquées les unes aux autres, & adhérentes entr'elles avec plus ou moins de folidité.

1°. Lorfqu'on jette de ce fpath en poudre groffière fur des charbons allumés, il décré-pite & donne une lumière d'un blanc bleuâ-tre femblable à une flamme phofphorique; lorfqu'il eft en maffe, il donne également cette lumière phofphorique par la calcination, mais une fois épuisé & privé par le feu de cette propriété, il ne la recouvre plus, quel-que longtems qu'on l'expofe au foleil, à l'air libre.

2°. Si l'on verfe de l'huile de vitriol bien, concentrée fur du fpath phofphorique groffiè.

rement pulvérisé, il se fait une légère effervescence, il s'élève du mélange une grande quantité de vapeurs élastiques très-suffocantes.

3°. J'ai jetté deux onces de ce spath pulvérisé dans une cornue de verre tubulée, avec la précaution d'éviter de salir l'intérieur du col de la cornue ; par le moyen d'un bon lut, je lui ai adapté un récipient dans lequel j'avois mis un peu d'eau distillée, ensuite j'ai versé sur le spath, par la tubulure de la cornue, deux onces d'huile de vitriol très-blanche & très-concentrée, puis ayant bouché exactement la tubulure, j'ai procédé à la distillation, d'abord avec un feu modéré, ensuite je l'ai poussé assez vivement. Il est sorti beaucoup de vapeurs de la cornue, lesquelles sont venues successivement s'attacher contre les parois du récipient, sous la forme d'une incrustation saline semblable à de l'alkali volatil concret. Il s'en est aussi cristallisé dans le col de la cornue, sous la forme de petits poils très-minces : enfin il en est sorti une liqueur limpide au premier coup d'œil, qui se coaguloit à l'instant & s'attachoit au bec de la cornue, ce qui formoit une espèce de stalactite. Les vaisseaux étant refroidis, j'ai versé l'eau du récipient dans un flacon bouché à l'émeril ; ayant ensuite détaché de ce sel qui s'éroit criſtalliſé en aiguilles minces, j'en ai mis un peu ſur ma langue, il avoit une ſaveur acide très-brûlante.

4°. Ayant expoſé de ces criſtaux à l'air libre, ils ſe ſont réſous en liqueur qui avoit les caractères d'un acide aſſez violent.

M. Baldaſſari, profeſſeur d'hiſtoire naturelle & de chimie, dans l'univerſité de Vienne, dit avoir trouvé de l'acide vitriolique pur, concret & non combiné, ſur des incruſtations dépoſées par les eaux thermales des bains de S. Philippe, dans la territoire de Vienne. Cette ſingulière criſtalliſation, ce prétendu acide vitriolique ne ſeroient-ils pas l'effet du fluide électrique qui doit ſe trouver en abondance dans des lieux où il ſe fait tant de décompoſitions?

5°. J'ai ſoumis à la calcination dans un creuſet, le ſel qui s'étoit attaché aux parois du récipient ſous la forme d'une incruſtation; il s'eſt élevé beaucoup de vapeurs élaſtiques très-ſuffocantes; lorſqu'elles ont ceſſé, j'ai retiré le creuſet du feu, j'en ai ſéparé la matière qu'il contenoit : en ayant mis un peu ſur ma langue, je ne lui ai trouvé aucune ſaveur, elle reſſembloit parfaitement à une ſubſtance terreuſe.

6°. J'ai pouſſé cette ſubſtance terreuſe au plus grand feu, elle a donné une matiere ſpongieuſe qui avoit ſubi une vitrification imparfaite.

7o. j'ai jetté du ſel de tartre bien pur dans l'eau que j'avois retirée du récipient, il s'eſt fait une vive effervefcence, la ſaturation achevée, j'ai filtré la liqueur & l'ai ſoumiſe à l'évaporation & criſtalliſation ; elle a donné des criſtaux de tartre vitriolé & un ſel particulier formé par la combinaiſon du *gas* ou fluide électrique avec l'alkali fixe du tartre.

8°. J'ai peſé le réſidu de la diſtillation du ſpath phoſphorique avec l'huile de vitriol, j'ai trouvé que le mêlange avoit diminué d'environ moitié ; j'ai jetté le tout dans de l'eau bouillante bien pure, l'ayant enſuite filtrée & ſoumiſe à l'évaporation & à la criſtalliſation, elle a donné des criſtaux d'alun & de la ſélénite à baſe vitrifiable ; c'eſt-à-dire un ſel vitriolique avec abondance de terre, conſéquemment peu diſſoluble.

9°. J'ai étendu l'eau mere de cette criſtalliſation dans de l'eau diſtillée, y ayant enſuite jetté de la noix de galle, elle a pris un coup d'œil violet, ce qui prouve la préſence de la terre ochreuſe dans le ſpath phoſphorique.]

10°. L'autre partie du réſidu de la diſtillation que l'eau bouillante n'avoit pu diſſoudre,
étant ſéchée, étoit d'une couleur auſſi blanche
que la craie; l'ayant expoſée au feu dans un
creuſet, elle s'eſt à demi vitrifiée, en ſorte qu'-
elle reſſembloit à une fritte de verre.

11°. Deſirant me procurer le *gas* ou acide
ſpatique pur, pour le ſoumettre à quelques eſ-
fais, j'ai procédé à ſa décompoſition. Dans un
de ces appareils chimico-pneumatiques dont
parle M. Bayen, apothicaire major des camps
& armées du Roi, dans ſon analyſe de la mine
de fer ſpathique, j'ai peſé une once de ce ſpath
bien ſec réduit en poudre; je l'ai introduit
dans une cornue de verre au bec de laquelle
j'avois luté, par le moyen d'une veſſie, un
tube de verre recourbé, j'ai fait entrer l'autre
bout de ce tube dans une bouteille de forme
cylindrique, remplie, à peu près, d'eau pure,
de ſorte qu'en la renverſant, l'extrémité du
tube n'excédoit l'eau de la bouteille que d'un
travers de doigt: j'ai fixé la bouteille & le tube ſur la ſurface d'une terrine remplie d'eau,
de manière que le col de la bouteille plongeoit
ſeulement dans l'eau.

Tout étant ainſi diſpoſé, j'ai allumé le feu
fous la cornue; je l'ai pouſſé juſqu'à la dernière

violence : il s'eſt élevé, pendant la diſtillation, une ſi grande quantité de vapeurs, que toute l'eau contenue dans la bouteille, du poids de huit livres, & une partie de celle qui étoit dans la terrine, en fut déprimée. A meſure que l'appareil ſe refroidiſſoit, il reſtoit une certaine quantité d'eau dans la bouteille ; l'ayant bouchée avec la paume de la main, je l'ai enlevée de deſſus la terrine ; ayant gouté l'eau qu'elle contenoit, je l'ai trouvée un peu aigrelette, elle avoit une légère odeur de phoſphore.

12ᵃ. J'ai pris huit onces de cette eau, j'y ai jetté quelques grains de limaille de fer : quelque tems après j'ai filtré la liqueur, & y ayant mêlé un peu de noix de galle, elle s'eſt colorée en violet.

13°. J'ai verſé de cette eau dans de l'eau de chaux, elle a été altérée & a pris une couleur laiteuſe.

14°. J'ai fait diſſoudre deux gros de criſtaux de ſonde bien purs dans ſix onces de cette eau, j'ai obtenu, par la voie de la criſtalliſation, un ſel en aiguilles minces & plattes, d'une ſaveur beaucoup moins âcre que l'alkali marin ordinaire.

15°. M. Bayen expoſe, dans ſon analyſe de la mine de fer ſpathique, que trente grains de

fel de tartre ont pu abforber environ cent qua=
tre-vingt-cinq grains de *gas*, c'eft-à-dire ce que
le plus grand balon auroit peine à contenir fans
rifquer l'explofion. Ce réfultat m'a frappé, il
prouvoit trop en faveur de mon fyftême pour
le négliger. J'ai donc répété cette expérience
fur du fpath phofphorique de la manière fui-
vante : j'ai pefé une once de ce fpath pulvérifé & bien fec ; je l'ai foumis à la calcination
dans une cornue au bec de laquelle j'ai luté
très-exactement un récipient dans lequel j'a-
vois verfé environ un gros d'eau diftillée qui
tenoit en diffolution trente grains de fel de
tartre. J'ai agité le balon circulairement pour
en humecter les parois, enfuite j'ai pouffé le
feu par dégrès jufqu'à la dernière violence.
Dans le commencement de la calcination j'ai
apperçu une petite rofée qui s'étoit attachée
à la voûte de la cornue, mais elle a difparu
lorfque le feu eft devenu plus violent. L'appareil étant refroidi, j'ai trouvé dans le récipient un fel criftallifé affez irrégulierement
en colomnes ; il y avoit auffi un peu de liqueur
dans la partie la plus déclive du vaiffeau : je
l'ai incliné pour en féparer cette liqueur, laquelle s'eft trouvée, à l'examen, être de nature alkaline. Cette expérience eft à peu près

conforme à celle de M. Bayen. Je conclus de ce fait que l'air fixe qui conſtitue la mine de fer ſpathique ainſi que le ſpath phoſphorique, eſt réellement un acide particulier qui a la propriété de s'unir à diverſes ſubſtances & de former avec elles différents ſels neutres : on ſent qu'il doit perdre ſon élaſticité en ſe combinant, ce qui eſt conforme à l'expérience.

16°. Cette eſpèce de ſel neutre provenant de la combinaiſon de l'acide ſpathique ou fluide électrique, avec le ſel de tartre, ayant été ſoumis à la calcination dans un creuſet, en a été décompoſé en partie, ſon acide s'eſt évaporé, il n'eſt reſté dans le creuſet qu'une matière terreuſe, blanche, pulvérulente & d'une ſaveur bien moins cauſtique que le ſel de tartre. Tous les acides avoient action ſur cette ſubſtance, ſans excepter le vinaigre ; elle ne ſe diſſout pas entiérement dans l'eau. Il réſulte de cette expérience que le fluide électrique peut décompoſer les alkalis en les privant d'une partie de leur ſaveur.

17°. Me rappellant la diſpute littéraire élevée entre Meſſieurs Monet & Spielman, ſur la mine de plomb blanche que ce dernier regarde comme une combinaiſon d'acide marin

avec le plomb, j'ai eu la curiofité de faire l'a-
nalyfe de cette mine; je me fuis donc procuré
quelques morceaux de galene de plomb fur
lefquelles on remarquoit des criftaux de mine
de plomb blanche; j'en ai dé aché environ
deux onces, étant réduites en poudre, j'en ai
foumis la moitié à la calcination dans un appareil chimico-pneumatique; femblable à celui que j'ai employé au N°. 11. l'eau en a été
fortement déprimée, celle qui étoit remontée
dans la bouteille cylindrique, étoit faiblement
aigrelette, d'une odeur phofphorique & précipitoit l'eau de chaux.

18°. L'autre partie de cette mine de plomb
ayant été foumife à la ca'cination dans une
cornue de verre, lutée à un récipient dans lequel j'avois mis un peu d'eau diftillée qui tenoit en diffolution trente grains de fel de tartre bien pur, cette partie a donné un fel d'une
faveur affez douce, lequel s'eft criftallifé dans
le recipient en colomnes irrégulières. Ce fel
étoit femblable à celui que j'avois obtenu dans
la calcination du fpath phofphorique, dans une
une cornue de verre au bec de laquelle étoit
adapté un récipient qui contenoit un peu d'alkali fixe en liqueur. Ceci prouve que le mi-
néralifateur de la mine de plomb blanche n'eft

pas

pas l'acide marin, mais un acide particulier qui ne peut être que le fluide électrique combiné.

CONCLUSIONS.

1°. Il résulte de ces expériences que l'air fixe, le fluide électrique, l'acide spathique, &c. font exactement la même chose que le *gas*, & que l'on s'est trompé sur la nature de cet être singulier.

2°. Que le *gas* n'est point une simple combinaison d'air & d'eau, mais un composé d'air, d'eau & de fluide électrique.

3°. Que le *gas*, que je nommerai désormais fluide électrique, peut s'échapper à travers les pores du verre même.

4°. Qu'il peut s'unir à différentes substances minérales & former divers sels & combinaisons, telles que les spaths, les mines de fer spathique, les mines de plomb blanches, &c.

5°. Que cet agent subtil en se combinant avec les alkalis, peut leur enlever une partie de leur saveur & les rapprocher de l'état terreux.

6°. Que le fer dans les eaux minérales non vitrioliques n'y est point tenu en dissolution par l'eau seule ni par l'air, mais par l'un & l'autre, par l'intermede du fluide électrique qui con-

E

ftitue le *gas* faifant les fonctions d'acide. Je vais appuyer cette théorie de quelques expériences d'électricité.

1°. Le fluide électrique peut fe combiner avec les alkalis & former avec eux différents fels neutres. Jettez quelques grains d'alkali de la foude dans de l'eau diftillée, cette eau acquérera la propriété de changer en verd les couleurs bleues des végétaux; verfez de cette eau dans une bouteille jufqu'à ce qu'elle foit à moitié pleine, bouchez-la enfuite exactement avec du liége, faites entrer dans le bouchon un fil de fer, de maniere qu'une de fes extrémités touche l'eau, recourbez l'autre bout du fil d'archal pour pouvoir fufpendre la bouteille au conducteur d'une machine électrique, electrifez fortement ce conducteur pendant environ un quart d'heure, après quoi jettez de l'eau contenue dans la bouteille fur des fleurs de mauves, vous trouverez qu'elle n'en altère plus la couleur. Faites enfuite évaporer cette eau, vous obtiendrez un fel qui n'aura plus la faveur de l'alkali marin & qui fe criftallifera différemment.

2°. Le fluide électrique a auffi action fur les fubftances minérales & les diffout toutes dans un efpace de tems plus ou moins confidéra-

ble. Expofez à l'électricité de la limaille de fer
bien pure, ou même de l'ætiops minéral de
l'Emery dans une bouteille avec de l'eau diftillée de la même maniere que je l'ai recomman-
dé pour l'expérience précédente; filtrez enfuite la liqueur & jettez dedans de la poudre
de noix de galle, l'eau prendra un coup d'œil
violet, ce qui démontre la diffolubilité du fer
dans l'eau par le moyen du fluide électrique.

3°. On lit dans le journal encyclopédique
du mois d'avril 1774, que le fluide électrique
fe combine avec l'air & produit un composé
qui a la propriété de changer en rouge les
couleurs bleues des végétaux, ce qui démontre fa nature acide,

4°. Je pourrois encore fortifier mon opinion de l'autorité de M. Changeux, qui affure
qu'un chimifte a favorisé une criftallifation
faline par le moyen de l'électricité, &c.

J'ofe porter mes vues plus loin & foupçonner que le fluide électrique eft la caufe la plus
féconde & même l'unique caufe de toutes les
opérations de la nature; qu'il eft l'agent de
toutes les diffolutions & combinaifons naturelles; qu'il eft le principe de toutes les fubftances falines, dont les acides ne different
que par l'état de concentration & par quel-

ques propriétés étrangères à la qualité d'acide,
& qui ne leur ont été communiquées que par
affimilation à d'autres fubftances. La marche
de la nature parait fi fimple & fi uniforme,
pourquoi l'embaráffer d'une multitude de
principes, lorfqu'un feul pourroit expliquer
tous fes phénomènes de la manière la plus fatisfaifante ? mais le développement de cette
théorie n'appartient qu'à ces génies rares qui
femblent forcer la nature à leur dévoiler fes
plus fecrets myftères. Le tems n'eft pas éloigné, peut-être, où la phyfique éprouvera la
plus étonnante & la plus heureufe révolution.

DES EAUX
DITES
SAVONEUSES
DE PLOMBIÉRES.

ON connoît à Plombières deux fources
d'eaux minérales qui portent le nom d'eaux
favoneufes: l'une fituée dans la rue de Luxeuil, & l'autre qui fort de la troifième ter-
raffe du jardin des Capucins. Qui ne croiroit
à cette dénomination, que ces eaux tiennent

effectivement du favon en diſſolution? c'eſt
un préjugé tellement accrédité à Plombières,
que l'expérience, même la plus évidente, n'a
pu juſqu'à préſent le détruire dans l'eſprit du
public.

Ce qui a occaſionné cette erreur, c'eſt l'opinion de pluſieurs anciens chimiſtes qui ont
travaillé ſur ces eaux, & qui ont cru y voir
du ſavon, trompés eux-mêmes par la reſſem-
blance extérieure qu'a avec le ſavon une ſubſtance terreuſe, douce au toucher & de différentes couleurs, que ces eaux tiennent en diſſolution & que l'on trouve dépoſée dans les
fentes des rochers d'où ſortent ces eaux. Je
ferai connaître, à la fin de cette analyſe, la
nature de ce prétendu ſavon, ainſi que la
cauſe de la variété de ſes couleurs.

✳✳✳✳✳✳✳✳✳✳✳✳✳✳✳✳✳✳✳✳✳✳✳

ANALYSE
DE L'EAU SAVONEUSE
DE LA FONTAINE
DES CAPUCINS.

1°. LE 25 octobre 1777, à huit heures du
matin, l'atmoſphère marquoit, au thermo-

mètre de Reaumur, sept dégrés au deffus de la glace; le **même thermomètre** plongé dans le baffin de cette fontaine, eft remonté à onze dégrés & demi.

2°. Cette eau eft très-limpide & d'une faveur légerement aftringente.

3°. Si l'on en jette, au fortir de fa fource, fur des fleurs de mauves, elle prend un coup d'œil rougeâtre; versée dans la teinture de tournefol, elle la fait également rougir.

4°. La noix de galle jettée dans cette eau, ne décele aucunement la préfence du fer.

5°. Les acides s'y font mêlés fans effervefcence marquée, & les alkalis, fans aucune altération fenfible.

6°. L'huile de chaux eft devenue légèrement laiteufe par le mêlange de cette eau.

7°. L'alkali pruffien ne lui a communiqué qu'une faible nuance verdâtre.

8°. La diffolution de favon dans l'eau diftillée, mêlée avec cette eau, n'en a pas paru fenfiblement altérée.

9°. La diffolution de fel de faturne, dans l'eau diftillée, versée dans cette eau, a été décomposée, il s'eft fait un précipité blanc tirant fur le gris.

10°. La diffolution de nitre lunaire n'y produit aucun changement senfible.

11°. Le nitre mercuriel diffous dans cette eau, fournit un précipité qui acquiert une belle couleur jaune.

12°. J'ai fait réduire, par évaporation, deux pintes de cette eau, à peu près à huit onces, j'en ai jetté une partie fur des fleurs de mauves, elles ont fourni à l'inftant une belle couleur verte.

13°. L'eau de chaux devient laiteufe, lorfqu'on la mêle avec cette eau concentrée.

14°. J'ai foumis vingt pintes de cette eau à l'évaporation, dans une terrine de grès, fur un bain de fable dont la chaleur n'a jamais excédé le dégré de l'eau bouillante: il ne s'eft rien précipité pendant l'évaporation; ces vingt pintes d'eau ont laifsé, par la defficcation, un réfidu de couleur blanche du poids de foixante un grains environ, ce qui fait trois grains & un vingtieme par pinte d'eau.

15°. J'ai jetté ce réfidu dans une phiole, j'ai versé par deffus une once d'eau diftillée, j'ai placé la phiole un inftant fur des cendres chaudes pour faciliter la diffolution des parties diffolubles, j'ai enfuite filtré la liqueur & l'ai exposée à l'évaporation fpontanée, elle a produit des criftaux irréguliers de *natrum*.

16°. J'ai fait sécher ce qui étoit resté sur le filtre, c'est-à-dire ce que l'eau distillée n'avoit pu dissoudre ; l'ayant jetté ensuite sur la balance, j'ai trouvé qu'il avoit diminué de poids environ de moitié, ce qui prouve que les eaux savoneuses tiennent en dissolution à peu près autant de substance saline que de matiere terreuse.

17°. J'ai versé du vinaigre distillé sur ce résidu que l'eau n'avoit pu dissoudre, il a occasionné une légère effervescence ; lorsqu'elle a cessé, & que je me suis assuré que cet acide n'avoit plus d'action sur cette substance, j'ai filtré la liqueur, puis j'y ai versé de l'alkali fixe très-pur, en liqueur, il a occasionné un précipité blanc, qui, à l examen, s'est trouvé être de nature calcaire & de la magnésie.

18°. J'ai versé de l'acide vitriolique sur l'autre partie de ce résidu que l'eau & le vinaigre n'avoient pu dissoudre, il a encore occasionné un mouvement d'effervescence ; la liqueur ayant été filtrée, évaporée & soumise à la cristallisation, a fourni des cristaux de sélénite à base vitrifiable.

19°. Le résidu terreux sur lequel les acides n'avoient plus d'action, avoit une couleur jaunâtre. Voulant m'assurer s'il ne contenoit pas un peu de fer, j'en ai pris une partie, je l'ai mêlée avec un peu d'huile, j'ai exposé le tout au feu : ayant enfuite approché le barreau aimanté de la matiere, il en a attiré quelques paillettes de fer.

20°. J'ai exposé l'autre partie de ce réfidu à un coup de feu violent, dans un creufet, après l'avoir bien lavé & fait fecher, elle s'eft convertie en une efpece de porcelaine ou fritte de verre.

L'eau favoneufe & celle de la fontaine fi-tuée dans la rue de Luxeuil, ayant été fou-mife aux mêmes expériences, a donné exactement les mêmes réfultats.

CONCLUSIONS.

1°. Toutes ces expériences démontrent évidemment que les eaux dites favoneufes, de Plombières, font de même nature que les eaux thermales, puifqu'elles contiennent les mêmes principes.

2°. Qu'elles n'en différent qu'à raifon d'un peu de *gas* ou fluide électrique qui s'y trouve, & dont les eaux thermales ne fauroient être pourvues à caufe de l'extrême volatilité de cet agent.

3°. Les eaux favoneufes contiennent auffi

du fer, mais en fi petite quantité, qu'elle ne peut être évaluée ni rendue fenfible par les fubftances acerbes & aftringentes.

4°. Que la dénomination d'eaux favoneufes ne leur convient pas plus qu'aux eaux thermales, puifque celles-ci tiennent également en diffolution cette matiere terreufe qui leur a fait donner le nom de favoneufes.

Vertus médecinales des eaux favoneufes de Plombières.

Les eaux favoneufes réuniffant les principes & le dégré de pureté des eaux thermales, doivent jouir des mêmes propriétés médecinales, elles méritent même la préférence dans certains cas, comme dans les maladies de l'eftomac, où il eft néceffaire de rétablir le ton de ce vifcère. Dans quelques affections nerveufes ou hépatiques, fur-tout dans les maladies calculeufes ; elles doivent être un excellent lythontriptique à caufe de leur pureté & d'une petite portion de *gas* qu'elles contiennent ; mais il faut les boire telles qu'elles fortent de la fource & non les faire chauffer ainfi qu'il fe pratique très-mal à propos à Plombières, ni les mêler avec les eaux chaudes ; car le moindre dégré de chaleur qu'éprouvent les eaux favoneufes, les prive de leur *gas* ou fluide electrique, & les ramene à la qualité d'eaux thermales fimples.

✳✳✳✳✳✳✳✳✳✳✳✳✳✳✳✳✳✳✳✳✳✳

ANALYSE
DU PRÊTENDU SAVON
DE PLOMBIERES.

ON trouve dans les fentes des rochers d'où fortent les eaux chaudes & favoneufes de Plombières, une fubftance terreufe qui happe à la langue & qui eft douce au toucher comme la plûpart de nos argiles; cette matiere eft de diverfes couleurs, tantôt parfaitement blanche, tantôt de couleur ochreufe, fouvent noire, & enfin veinée de noir à peu près comme le favon. C'eft ce qui a fait donner le nom de favoneufes aux eaux froides de Plombières, parce que l'on croyoit que ce prétendu favon ne fe trouvoit que dans cette forte d'eau. L'expérience a découvert l'erreur, mais la dénomination n'en fubfifte pas moins.

Je foupçonnois que le fer pouvoit être la

caufe de la variété des couleurs de ce prétendu fayon, & voulant m'en affurer :

1°. J'ai pulvérifé une certaine quantité de
cette fubftance de couleur d'ochre , l'ayant
enfuite mêlée avec un peu d'huile, j'ai foumis
le tout au feu, dans un creufet; la combuftion
de l'huile ayant eu lieu, j'ai préfenté à la matiere un barreau aimanté, lequel a attiré quelques paillettes de fer.

2°. La matiere veinée de noir foumife
également à la calcination, avec un peu d'huile, a fourni du fer attirable à l'aimant.

3°. La matiere noire pulvérifée & calcinée
fans addition de phlogiftique, a également
donné du fer attirable à l'aimant.

4°. Cette matiere noire pulvérifée & jettée
dans l'acide vitriolique, y devient blanche,
parce que le fer qui colore cette fubftance en
noir, étant pourvu d'une partie de fon phlogiftique, eft diffoluble dans cet acide.

5°. Les acides minéraux versés fur ces fubftances terreufes, n'y occafionnent qu'une effervefcence peu fenfible, la matieré fe délaye
peu à peu & prend la forme & la confiftance
d'un mucilage épais, lequel étant étendu dans
un peu d'eau diftillée, & la liqueur filtrée enfuite avec de l'alkali fixe, en liqueur, donne

un précipité terreux de nature calcaire & de la magnéfie.

6°. Ces différentes matieres foumifes à un coup de feu violent, fe convertiffent en porcelaine un peu vitreufe, c'eft-à-dire, qui, au coup d'œil, reffemble affez à de l'émail fondu.

CONCLUSIONS.

1°. Il réfulte de toutes ces expériences, que le prétendu favon eft une efpéce de terre argilleufe unie à une terre vitrifiable.

2°. Que cette matiere pourroit bien n'être que le fpath phofphorique qui auroit été tenu en diffolution dans l'eau par l'intermede du fluide électrique, & enfuite dépofé entre les fentes des rochers par l'abandon de ce principe.

3°. Que le peu de matière calcaire que l'on trouve dans cette fubftance, n'eft, peut-être, qu'un produit de la décompofition de la terre vitrifiable par le fluide électrique.

4°. Que les différentes couleurs de ce prétendu favon ne font que le produit du mélange du fer fous différents états avec cette matière, &c.

✳✳✳✳✳✳✳✳✳✳✳✳✳✳✳✳✳✳✳✳✳✳✳✳✳✳✳

DES EAUX
DE BUSSANG.

BUUSSANG eſt un village du Duché de Lorraine, ſitué dans les Voſges, ſur les confins de l'Alſace & de la Franche - Comte ; ce lieu eſt célèbre non-ſeulement parce qu'il donne naiſſance à l'une de nos plus belles rivières, (la Moſelle) mais encore par les eaux ſalutaires qui prennent leur ſource dans les montagnes voiſines. Ces ſources ſont à environ douze cent pas de Buſſang ; c'eſt cette proximité qui leur en a fait donner le nom.

Il y a à Buſſang deux ſources d'eaux minérales ; la premiere que l'on nomme la ſource ancienne, elle eſt aſſez abondante, ſes eaux ſont recueillies dans un baſſin de pierre de taille de forme oblongue & recouvert en bois ; au bas du baſſin eſt un robinet de fer par où s'écoule l'eau ; lorſqu'on veut la boire, on en remplit des bouteilles. Ce baſſin eſt renfermé ſous un pavillon de douze à quinze pieds en quarré.

La ſeconde ſource qu'on nomme la fontaine

d'enhaut, eft auffi entourée de murailles, mais feulement à hauteur d'appui. Sur ces murs eft appuyée une charpente qui porte la toiture. Les eaux de cette fontaine font également reçues dans un baffin de pierre ; mais à découvert.

Il vient de paraître une petite brochure imprimée à Epinal, intitulée : *Examen fur les eaux minérales de Buffang, par M. D ..... Chirurgien à Remiremont, &c.* En jettant un coup d'œil fur cet ouvrage, on s'apperçoit aifément que la partie chimique a été puifée dans un petit livre qui a pour titre : *Effai analytique des eaux de Buffang, par M. Lemaire.* L'auteur n'en fait point un'myftere, il convient de bonne foi qu'il s'eft borné à répéter les expériences de ce médecin, pour s'affurer de la nature des eaux de Buffang. Il fait plus, il le donne pour garant de l'exactitude de fon travail : mais fi M. le Maire peut paraître excufable d'être tombé dans quelques erreurs, dans un tems où la chimie étoit encore très bornée, rien ne juftifiera M. D... d'avoir adopté ces mêmes erreurs à défaut d'examen fuffifant, & de les avoir accréditées par fon ouvrage. Il a fenti l'importance d'une analyfe exacte des eaux minérales, comment donc a-t'il pu fe promettre l'application heu-

reufe d'un remède dont il connoit fi peu la nature ? Dans l'hiftoire naturelle, dit un favant
moderne, (*a*) *il eft permis de fe défier des faits ;*
car combien de rapports hazardés par des gens qui
n'ont point vû ou qui ont mal vû, & combien
d'opérations équivoques dont d'autres effais com-
battent les réfultats ? il faudrait tout vérifier par
foi-même, ou n'en croire que des garants fûrs.

Ce précepte, fi négligé par quelques auteurs, eft le feul guide que je me fuis pro-
pofé de fuivre dans la marche de cet ouvrage.

✳✳✳✳✳✳✳✳✳✳✳✳✳✳✳✳✳✳✳✳✳✳✳

ANALYSE
DE L'EAU DE BUSSANG,
Puifée à l'ancienne fource.

1º. LE 30 octobre 1777 le thermomètre de
Reaumur plongé dans l'eau de Buffang à la
fortie du robinet, a donné neuf dégrés au
deffus de la glace. Cette eau eft très-limpide,
d'une faveur piquante, acidule, minerale ferrugineufe, elle pétille dans le verre comme
le vin de Champagne.

(*a*) Collection complette des œuvres de M. Diderot,
tom. I. pag. 59.

Selon

Selon M. D... c'eft erreur ou défaut de connoiffance de croire que la force des eaux de Buffang dépende de la faveur aigre, puifque lorfque ces eaux font dans leur plus grande force, c'eft-à-dire, quand on les examine à la fortie du rocher où elles prennent leur fource, elles n'ont qu'une faveur minérale & rien qui approche de l'aigre.

Cette affertion eft pour le moins fort hazardée; n'eft-ce pas comme fi l'on difoit que le vin éventé a plus de force que celui qui n'a fouffert aucune altération?

L'eau de Buffang prife à fa fource, eft certainement plus *gafeufe*, ou (ce qui eft la même chofe) plus aigre que lorfqu'elle a féjourné quelque tems dans le baffin ou dans des bouteilles. Le *gas*, ou efprit minéral qui conftitue la faveur aigre des eaux acidules, ainfi que leur force, n'étant, comme je l'ai dit ailleurs, qu'une combinaifon qui fe fait fous terre de l'air & du fluide électrique avec l'eau; cette combinaifon d'ailleurs pouvant fe détruire par la feule expofition à la chaleur de l'atmofphère.

2°. Les parois du baffin, ainfi que le fond font enduits d'une matière rougeâtre, ochreufe. C'eft le fer qui avoit été tenu en diffolution dans l'eau, & qui s'eft précipité par l'ab-

F,

fence du principe qui le rendoit diffoluble.

3°. Le fyrop de violettes, la teinture de tournefol & les fleurs de mauves mêlées avec cette eau fortant de la fource, lui font prendre un coup d'œil rouge.

M. D.... obferve que la teinture de tournefol devient verte lorfqu'on la mêle avec cette eau; mais s'il eût connu les principes de cette teinture, il n'auroit point hafardé un fait démenti par l'expérience: l'urine & la chaux entrant dans la compofition du tournefol en pain, rendent fa teinture abfolument inaltérable par les alkalis; elle ne fert, dans les effais analytiques, qu'à démontrer la préfence des acides.

A l'égard des fleurs de mauves & de pieds-d'alouettes, lefquelles, fuivant cet auteur, communiquent auffi une couleur verte à cette eau; M. D... n'eft pas mieux fondé, & le fait qu'il avance ne peut avoir lieu que lorfque cette eau eft décompofée, c'eft-à-dire, lorfqu'elle a perdu fon principe *gafeux* ou efprit minéral.

4°. La poudre de noix de galle mêlée avec cette eau, lui communique à l'inftant une couleur pourpre, ce qui décele la préfence du fer.

5°. L'huile de tartre par défaillance, mêlée avec cette eau, y occafionne un précipité

blanc fous la forme de *Magma*. Dans cette expérience l'alkali du tartre s'unit au *gas* de l'eau
de Buffang, & forme avec lui une efpèce de
fel neutre qui prend le coup d'œil d'une fubftance mucilagineufe. Ce *Magma* eft encore
mêlé avec une petite portion de terre & de
fer que le *gas* tenoit en diffolution, & qu'il a
abandonnée pour fe combiner avec l'alkali.

6°. L'alkali pruffien donne à cette eau un
coup d'œil louche un peu bleuâtre; mais la précipitation n'a lieu que longtems après. Le coup
d'œil bleu que prend cette eau avec l'alkali
phlogiftiqué, eft produit par un peu de fer
tenu en diffolution par l'efprit minéral.

7°. L'alkali volatil fluor n'y occafionne aucune altération fenfible.

8°. L'eau de chaux verfée peu à peu dans
cette eau, la blanchit pour un moment : mais
elle reprend bientôt fa tranfparence; fi l'on
ajoute encore un peu d'eau de chaux, le même
effet a lieu, & fucceffivement jufqu'à ce qu'on
ait ajouté à peu près autant d'eau de chaux que
d'eau minérale; c'eft-à-dire, jufqu'àce que le
gas foit faturé de terre calcaire; le mélange
alors refte conftamment louche; fi l'on y ajoute
de l'eau de chaux, il fe fait enfuite un précipité
affez abondant. Ceci prouve que les eaux de

F ij

Buſſang contiennent un acide particulier que l'on nomme *gas*, & qui a action ſur les terres calcaires.

9°. Les acides mêlés avec cette eau n'en troublent point la tranſparence, mais ils accélèrent la ſortie des bulles d'air qui y ſont contenues, ce qui occaſionne un léger mouvement en s'emparant de la terre que le *gas* tenoit en diſſolution dans ces eaux.

10°. La diſſolution de ſavon dans l'eau diſtillée, verſée dans cette eau, la blanchit à l'inſtant; on remarque quelque tems après une matière caillebottée nageant à la ſurface.

11°. Le vinaigre de ſaturne y occaſionne un précipité blanc un peu grisâtre.

12°. La diſſolution de nitre lunaire dans l'eau diſtillée, verſée dans cette eau, fournit un précipité pulvérulent d'un gris ſale.

13°. Le ſublimé corroſif diſſous dans cette eau, ne lui fait éprouver aucune altération ſenſible; l'expérience eſt encore ici contre l'auteur de *l'examen ſur les eaux de Buſſang*; il prétend que la diſſolution du ſublimé corroſif dans l'eau de neige, mêlée avec l'eau de Buſſang, lui communique une couleur orangée.

14°. La diſſolution de nitre mercuriel dans l'eau diſtillée, mêlée avec cette eau, occaſionne à l'inftant un précipité jaune affez abondant.

13°. L'eau de Buffang foumife à l'évaporation, à feu nud, perd fucceffivement fon *gas*
& fa partie terreufe & ferrugineufe, en raifon
des différents dégrés de chaleur qu'elle éprouve. Lorfqu'elle a acquis vingt dégrés, elle ne
paroît pas fenfiblement altérée, & la noix de
galle jettée dedans, décele encore la préfence
du fer; à quarante dégrés, à peine cette couleur eft-elle fenfible; à cinquante, elle n'eft
prefque plus *gafeufe;* enfin à cinquante-cinq
elle eft infipide & abfolument dépourvue de
fer. Dans cet état, elle diffout mal le favon,
il y paroit en grumeaux. Les fleurs de mauves qu'on y jette ne lui communiquent qu'une
couleur naturelle, qui eft la bleue.

16°. J'ai expofé à l'évaporation quatre pintes de cette eau, mefure de Paris, dans une
terrine de grès, fur un bain de fable dont la
chaleur n'a jamais excédé celle de l'eau bouillante: lorfque l'évaporation a commencé, la
liqueur s'eft couverte d'une pellicule faline
qui fe précipitoit infenfiblement au fond du
vaiffeau. La liqueur étant évaporée à moitié,
je l'ai filtrée à travers un papier gris, pour en
féparer le précipité, que j'appellerai dans la
fuite précipité de la première évaporation; il

pefoit quatorze grains, il avoit une couleur rougeâtre. L'autre partie de la liqueur ayant été évaporée jufqu'à ficcité, a fourni un réfidu du poids de dix-huit grains; ce qui fait en tout trente-deux grains, c'eft-à-dire, huit grains par pinte. Je nommerai ce réfidu, réfidu de la feconde évaporation. M. D... prétend qu'une pinte de cette eau foumife à l'évaporation, dans une terrine de terre, verniffée, fur un feu de 180 dégrés, donne un réfidu de 48 à 49 grains. Cette expérience ne me paroit pas plus exacte que les autres faites par M. D...; d'ailleurs la terrine de terre vernifsée qu'il emploie pour l'évaporation de l'eau, n'eft pas fans inconvénient, comme je l'ai obfervé dans mon analyfe des eaux de Plombières, & la violence du feu eft bien capable d'occafionner de l'altération au réfidu.

Je borne ici mes obfervations fur l'ouvrage de M. D,..; une critique plus étendue lui fembleroit peut-être une récrimination de la part du Corps des Pharmaciens dont il a bleffé la délicateffe affez gratuitement dans fon ouvrage, *pag. 8.*

17º. Pour m'affurer de quelle nature étoit le précipité de la première évaporation, j'en ai mis fur ma langue, & ne lui ai trouvé au-

eune faveur; enfuite j'en ai pefé dix grains fur
lefquels j'ai verfé du vinaigre diftillé qui en a
diffous la plus grande partie avec une vive effervefcence; le point de faturation arrivé, j'ai
filtré la liqueur, & l'ayant foumife à l'évaporation & à la criftallifation, elle a donné des
criftaux de fel acéteux calcaire; une petite portion de la liqueur a refufé de donner des criftaux.

18°. J'ai fait diffoudre ces criftaux dans de
l'eau diftillée, enfuite j'ai verfé dans la liqueur
quelques gouttes d'huile de tartre par défaillance, laquelle a occafionné une précipitation
opérée par la décompofition du fel acéteux
calcaire; le vinaigre a quitté la terre abforbante
pour s'unir à l'alkali du tartre : la terre devenue libre, s'eft précipit e.

19°. J'ai versé de l'acide vitriolique fur le
réfidu que le vinaigre n'avoit pu diffoudre,
il a encore excité un mouvement d'effervefcence; j'ai étendu le tout dans un peu d'eau
diftillée, puis ayant filtré la liqueur j'y ai verfé de l'eau de chaux qui a occafionné un précipité; ce qui démontre que le précipité de la
première évaporation contient de la terre vitrifiable.

20°. J'ai fait bouillir dans un peu d'eau di-

ſtillée les quatre autres grains reſtants du précipité de la première évaporation ; ayant enſuite filtré la liqueur , je l'ai verſée ſur du nitre
mercuriel, ce qui n'a aucunement développé
la couleur jaune ; preuve inconteſtable que ce
précipité n'eſt pas de nature féléniteuſe.

21°. J'ai expoſé au feu, dans un creuſet, la
terre qui étoit reſtée ſur le filtre, j'ai pouſſé le
feu juſqu'à faire rougir le creuſet, je l'ai entretenu en cet état pendant quelque tems,
ayant enſuite ôté le creuſet du feu, j'ai féparé
la matière qu'il contenoit, je lui ai préſenté
un barreau de fer aimanté qui en a attiré des
paillettes de fer.

22°. J'ai verſé un peu d'eau ſur cette matière calcinée, ayant enſuite filtré la liqueur,
je l'ai verſée ſur du ſublimé corroſif, lequel
a donné à l'inſtant une belle couleur rouge bri-
quetée, ce qui prouve que le précipité de la
première évaporation, outre la terre vitrifiable, contient encore de la terre calcaire.

23°. J'ai jetté ſur un filtre les 18 grains du
réſidu de la ſeconde évaporation, j'ai verſé
de l'eau chaude par deſſus à pluſieurs repri-
ſes, j'ai fait évaporer l'eau de ces différentes
lotions, & j'ai ſoumis la liqueur à la criſtalliſation. J'en ai obtenu du *natrum* & un autre

fel figuré en efpèces de trémies, ce qui m'a fait foupçonner que ce pourroit être du fel marin. J'ai féparé tous ces criftaux de *natrum*, j'en ai jetté quelques-uns fur des charbons allumés, ils n'ont fait aucune décrépitation : j'en ai fait diffoudre dans de l'eau diftillée, puis j'ai verfé la diffolution fur du nitre lunaire, ce qui a produit un précipité blanc un peu caillebotté, lequel a acquis, peu de tems après, une couleur pourpre noirâtre. Ce précipité métallique foumis au feu dans un creufet, s'eft réduit prefque en entier & n'a point donné de lune cornée; ce qui prouve que cette fubftance faline n'eft point un vrai fel marin, mais un fel particulier formé par la combinaifon du *gas* ou efprit minéral avec le *natrum*

24. Après avoir fait fecher la matière terreufe reftée fur le filtre, je l'ai pefée & j'ai vu qu'elle étoit diminuée de huit grains. J'ai verfé par deffus de l'acide vitriolique très-pur qui a occafionné une vive effervefcence. La faturation achevée a été foumife à l'évaporation & à la calcination, elle a donné des criftaux de felénite à bafe vitrifiable & calcaire, & un peu de fel de Sedlitz.

25°. J'ai foumis à un feu violent, dans un creufet, la portion de terre que l'acide vitrio-

82

lique n'avoit pu diffoudre, elle s'eft convertie en une efpèce de fritte de verre.

26°. L'eau de la fontaine d'en haut foumife aux mêmes expériences, a donné les mêmes réfultats. On remarque feulement que l'eau de cette fontaine eft moins *gafeufe* que celle de la fource ancienne.

CONCLUSION.

1°. Il réfulte de toutes ces expériences que les eaux de Buffang font très-acidules, c'eft-à-dire, chargées de *gas* qui conftitue leur force.

2°. Qu'elles peuvent diffoudre des terres calcaires & différentes autres fubftances minérales.

3°. Qu'elles tiennent environ un demi grain de fer par pinte, dans un vrai état de diffolution.

4°. Qu'elles tiennent en diffolution des terres de différentes natures, favoir; de la terre abforbante, de la magnéfie & de la terre vitrifiable; & cela par l'intermède du *gas* ou fluide électrique.

5°. Qu'elles tiennent en diffolution environ deux grains de *natrum* par pinte, mefure de Paris.

6°. Qu'elles contiennent aussi un peu de sel d'une nature particulière qui approche du sel marin; sa qualité peut être évaluée à un grain par pinte.

Vertus médecinales des eaux de Bussang.

D'après la connoissance des principes contenus dans les eaux de Bussang, on peut les regarder comme diurétiques, apéritives, résolutives, incisives, toniques, stimulantes, fondantes, &c. Outre les vertus médecinales, ces eaux jouissent encore des propriétés du fluide aqueux, elles sont délayantes & humectantes, ce qui les fait employer avec succès dans un nombre de maladies chroniques. On peut se faire une idée assez juste de la vertu de ces eaux, en consultant l'ouvrage de M. Lemaire, qui a pour titre *Essai analytique des eaux de Bussang.*

Mais une des propriétés de ces eaux, la plus précieuse, & cependant celle qu'on a le moins considérée, est leur action sensible sur ces concrétions calculeuses qui se forment dans la vessie & qui sont connues sous le nom de pierres. On en distingue de trois sortes, savoir les pierres murales ou siliceuses, les calcaires ou crétacées, enfin les graveleuses ou aréneuses.

Les eaux de Buſſang attaquent toutes ces pierres, les diviſent inſenſiblement & les rédui-
ſent en parties aſſez tenues pour être évacuées
facilement par les voies urinaires; l'expérience
m'a confirmé dans cette opinion. Je me ſuis
procuré une pierre de chaque eſpèce, de la
groſſeur d'un œuf de pigeon, je les ai miſes
dans un vaſe bien bouché, rempli d'eau de
Buſſang nouvellement puiſée à ſa ſource; j'ai
laiſſé le tout pendant quatre jours, au bout
deſquels j'ai jetté l'eau du vaſe pour y en in-
troduire de la nouvelle, ce que je répétois
de quatre jours en quatre jours, pendant l'eſ-
pace d'un mois. Ce terme expiré, les pierres
étoient réduites en poudre aſſez fine. On remarquoit une matière floconneuſe nageant
dans la liqueur, & une ſubſtance muqueuſe
raſſemblée ſous la forme d'une éponge; ce ſont
ces ſubſtances qui agglutinent & font adhérer enſemble les molécules pierreuſes.

Il réſulte de cette expérience que les eaux
de Buſſang doivent être employées avec ſuc-
cès dans les affections néphrétiques & dans
la maladie du calcul. L'action de ces eaux ne
peut avoir d'autre cauſe que le *gas* ou eſprit
minéral qu'elles contiennent, lequel fait les
fonctions d'un acide aſſez puiſſant ſans en avoir
la cauſticité,

Cet effai ne devroit-il pas engager les maîtres de l'art à approfondir cette matière & à
faire quelques expériences fur les calculeux,
en leur adminiftrant ces eaux, foit en boiffon,
foit en injection, avant de foumettre ces mal-
heureux à une opération cruelle & fouvent
équivoque.

✳✳✳✳✳✳✳✳✳✳✳✳✳✳✳✳✳✳✳✳✳

DES EAUX
THERMALES
DE BAINS.

Bains eft un village de Lorraine reffor-
tiffant au bailliage de Remiremont; fon terroir eft à peu près de même nature que celui
de Plombières, mais fa fituation eft plus heureufe; les avenues font affez ouvertes & peu
commandées par les montagnes; un autre
avantage de ce lieu eft fa proximité de la ri-
viere de *Coné*, qui fournit d'excellent poiffon.
Bains eft encore arrofé par un ruiffeau qu'on
nomme *Bagnerol*, dont les eaux fe réuniffent
à celles de la *Coné*.

Il y a à Bains plufieurs fources d'eaux chaudes qui [se diftribuent dans deux baffins; le premier [qu'on nomme le grand bain ou bain ancien, reçoit les eaux de trois fources diffé-rentes, dont la plus chaude donne au thermo-mètre de Reaumur 40 dégrés : une troifième découverte depuis peu, & qu'on nomme la fource romaine, fait monter le mercure à 36 dégrés. Ses eaux s'écoulent dans un baffin par-ticulier qui n'eft féparé du grand bain que par une cloifon de pierre de taille; une feule fource fournit l'eau du fecond bain, autrement le bain nouveau, elle donne 33 dégrés.

Il y a encore à Bains une fontaine appellée la fontaine des vaches, elle eft enfermée fous un petit pavillon; fes eaux, qui fortent par un goulot de fer, donnent 32 dégrés; on leur at-tribue des vertus purgatives; l'analyfe va dé-montrer que toutes ces eaux font de même nature.

✻✻✻✻✻✻✻✻✻✻✻✻✻✻✻✻✻✻✻✻✻✻✻

ANALYSE

DE LA GROSSE SOURCE

DU BAIN ANCIEN.

1°. CETTE eau eft très-limpide & n'a point de faveur marquée.

2°. Elle ne décele aucunement la préfence du fer par fon mêlange avec la noix de galle.

3°. Les fleurs de mauves ne lui communiquent qu'une belle couleur bleue.

4°. La teinture de tournefol n'en eft point fenfiblement altérée.

5°. L'eau de chaux mêlée avec cette eau, devient légerement laiteufe, ce qui doit être attribué à un peu d'alkali marin que cette eau contient.

6°. L'huile de tartre par défaillance n'y occafionne aucun changement, il en eft de même de l'alkali volatil.

7°. L'alkali pruffien n'y décele aucunement la préfence des fubftances métalliques.

8°. La diffolution de favon dans l'eau diftillée, n'en eft point caillebottée, mais elle

devient un peu louche, ce qui doit être attribué à une petite portion de *gas* dont cette eau
n'eft pas entiérement dépourvue en fortant de
fa fource.

9°. En foumettant cette eau un inftant à l'é-
bullition, ou en l'expofant feulement quelque
tems à l'air libre, elle perd tout-à-fait fon *gas*
ou fluide électrique, & ne trouble plus la diffolution de favon dans l'eau diftillée.

1o°. La diffolution de faturne verfée dans
cette eau, fournit un précipité d'un blanc un
peu fale.

11°. La diffolution de nitre mercuriel dans
l'eau diftillée, mêlée avec cette eau, donne à
l'inftant un précipité jaune.

12°. La diffolution de nitre lunaire dans l'eau
diftillée, mêlée avec cette eau, fournit un précipité d'un blanc rougeâtre tirant un peu fur
le noir.

13°. J'ai fait réduire par évaporation une
pinte de cette eau à quatre onces; en cet état,
je l'ai verfée fur des fleurs de mauves qui lui
ont communiqué une belle couleur verte.

14°. J'ai expofé enfuite feize pintes de cette
eau à l'évaporation, dans une terrine de grès
que j'ai placée fur un bain de fable dont la
chaleur n'a jamais excédé le dégré de l'eau
bouillante,

bouillante. J'ai obtenu, par la defiiccation, un réfidu de couleur blanche, pefant environ 29 grains, ce qui ne fait que deux grains par pinte; il ne s'eft fait d'ailleurs aucune précipitation pendant l'évaporation.

15°. J'ai verfé du vinaigre diftillé fur ce réfidu, il a occafionné une vive effervefcence; la faturation achevée, j'ai filtré la liqueur, laquelle foumife à l'évaporation & à la criftallifation, a fourni des criftaux de fel acéteux marin & calcaire; une petite portion de la liqueur a refufé de fe criftallifer.

16°. L'autre partie du réfidu fur laquelle le vinaigre n'avoit plus d'action, ayant été mêlée avec de l'acide vitriolique, a occafionné encore une légère effervefcence; la liqueur filtrée, foumife à l'évaporation & à la criftallifation, a donné des criftaux de felénite à bafe vitrifiable.

17°. La portion du réfidu que les acides n'avoient pu diffoudre, ayant été foumife au feu dans un creufet, s'eft convertie en une efpèce de fritte de verre.

18°. J'ai foumis deux pintes de cette eau à l'évaporation fpontanée, dans une capfule de verre, j'en ai obtenu, par la defiiccation, un réfidu pefant environ 4 grains, de couleur

G

blanche; femblable au réfidu de l'évaporation précédente.

190. J'ai foumis aux mêmes expériences les eaux des deux autres fources qui compofent le grand bain, ainfi que celles du bain nouveau & de la fontaine des vaches, elles m'ont donné les mêmes réfultats.

CONCLUSIONS.

1°. Il réfulte de ces expériences que toutes les eaux thermales de Bains font de même nature.

2°. Que toutes contiennent un peu de *natrum* & de la terre de trois efpèces ; favoir, un peu de magnéfie, de la terre calcaire & de la terre vitrifiable.

3°. Qu'elles font pourvues d'une petite quantité de fluide électrique.

4°. Qu'elles font de même nature que celles de Plombières.

5°. Qu'elles n'en different que parce qu'elles contiennent un peu moins de *natrum* & de principe terreux.

6°. Que c'eft gratuitement qu'on a attribué des vertus purgatives à l'eau de la fontaine des vaches, puifqu'elle ne difiere aucunement des autres eaux thermales de Bains.

Vertus médecinales des eaux de Bains.

Si c'eſt à la pureté des eaux de Plombières qu'il faut attribuer leur efficacité dans certaines maladies, les eaux de Bains jouiront ſans doute du même privilège, puiſqu'elles ſont au moins auſſi pures, & que d'ailleurs elles contiennent les mêmes principes, quoique dans des proportions un peu différentes. S'il eſt des cas particuliers où les eaux de Plombières peuvent être préférées, ce ne peut être que dans certaines maladies chroniques, telles que les rhumatiſmes, les ſciatiques, certaines affections gouteuſes, les paralyſies, &c. leſquelles après avoir réſiſté aux bains & aux autres remèdes ordinaires, ne peuvent être ſoulagées que par une abondante évacuation de l'humeur tranſpirable, en expoſant les malades aux vapeurs d'une eau très-chaude, dans des eſpèces de petits caveaux conſtruits en pierres de taille, auxquels on a donné le nom d'étuves.

Les eaux de Bains n'étant pas auſſi chaudes que celles de Plombières, il eſt certain qu'elles ne rempliroient pas également les vûes qu'on ſe propoſe dans l'uſage des étuves; mais auſſi il eſt des maladies dans leſquelles les eaux de

Bains feroient peut-être préférables; comme elles font moins chargées de principe terreux & de *natrum*, elles raréfieroient moins le fang & échaufferoient moins les malades. Ici fe bornent les vûes du chimifte; ce feroit au médecin à les étendre & à les vérifier par l'obfervation.

ANALYSE
DU SEL
Qui fe trouve fur les dégrés & fur les pierres qui recouvrent les fources de Bains.

ON trouve fur les marches & fur les pierres qui recouvrent les eaux de Bains, un fel criftallifé en petites aiguilles minces, foyeufes, qui tombent peu-à-peu en efflorefcence par la perte de l'eau de leur criftallifation.

On remarque dans le dictionnaire minéralogique & hydraulique de la France, deux opinions différentes fur la formation de ce fel. La première eft celle de M. Finiels, médecin ordinaire du feu Roi de Pologne; il regarde cette fubftance comme un fel neutre volatilifé par les vapeurs de l'eau des bains, précipité enfuite par fon propre poids, ce qui prouve, dit-il, qu'il y a des fels volatils dans ces eaux; l'analyfe que je viens d'en donner prouve invinciblement que cette affertion eft gratuite.

La feconde opinion eft celle de Monet. Il penfe que cette fubftance faline eft un vrai fel de Glaubert formé par la nature, parce qu'elle trouve le lieu, ou fi l'on veut, l'eau propre à la génération de ce fel. Cette explication me paraît peu fatisfaifante, je vais tâcher d'y fupp'éer en donnant le réfultat de mes expériences.

1°. J'ai recueilli une certaine quantité de ce fel, j'ai verfé de l'eau bouillante par deffus, enfuite j'ai filtré la liqueur pour la débaraffer des impuretés qui étoient unies au fel, après quoi je l'ai foumife à l'évaporation & à la criftallifation, elle a donné un fel en longues aiguilles plattes, d'une faveur amère & falée.

2°. J'ai expofé ces criftaux à l'air libre, ils ont perdu l'eau de leur criftallifation & font tombés en efflorefcence; jettés enfuite fur des charbons ardents, ils ont décrépité.

3°. J'ai pefé un gros de ce fel que j'ai mêlé avec un demi gros de fel de tartre & deux gros de charbon en poudre, j'ai mis le tout dans un creuset couvert exactement, je l'ai exposé à un feu violent, ensuite j'ai versé de l'eau bouillante sur la matière qu'il contenoit, puis j'ai filtré la liqueur dans laquelle j'ai versé du vinaigre distillé : elle s'est troublée à l'instant & a fourni peu à peu un précipité, lequel séparé par le moyen d'un filtre, & ensuite examiné, s'est trouvé être du soufre formé par l'union de l'acide vitriolique du sel neutre de Bains, avec le phlogistique des charbons.

4°. Ayant fait évaporer la liqueur dans laquelle j'avois versé de l'acide végétal pour séparer le soufre qui y étoit tenu en dissolution par l'alkali, j'ai obtenu de la terre folliée cristallisée, ou sel acéteux marin ; la liqueur étant poussée à la dessiccation, a donné de la terre folliée de tartre ordinaire. Cette expérience, ainsi que la troisième, prouve que le sel neutre que l'on trouve sur les marches & sur les pierres qui recouvrent les eaux de Bains, est une combinaison de l'acide vitriolique avec l'alkali marin, ce qui produit un sel de Glaubert. Mais comment expliquer la formation de ce sel ? l'analyse n'ayant découvert dans les eaux de Bains, ni acide vitriolique libre, ni acide combiné; où chercher la présence de cet acide

néceſſaire à la production du ſel de Glaubert ?
voici mon opinion.

Toutes les pierres qui recouvrent les eaux
des bains, ainſi que les marches des baſſins,
ſont de grès, lequel contient des ſubſtances
ſalines vitrioliques, comme j'ai eu occaſion
de m'en aſſurer : ayant réduit en poudre un
morceau de ces pierres, & l'ayant jetté dans de
l'eau, j'ai obtenu par ébullition un ſel qui s'eſt
criſtalliſé en partie à la ſurface de la liqueur, &
qui s'eſt précipité en partie au fond du vaiſſeau : à l'examen j'ai reconnu que ce ſel étoit
de la ſélénite. Cela poſé, toutes les fois qu'-
une liqueur contenant de l'alkali marin, vien-
dra à impregner ces pierres, elle occaſion-
nera la décompoſition de la ſélénite, ſuivant
les loix des affinités ; l'alkali s'unira à l'acide
vitriolique qui conſtitue la ſélénite, & forme-
ra du ſel de Glaubert. C'eſt ce qui arrive à
Bains ; ces eaux, comme je l'ai démontré par
l'analyſe, contiennent de l'alkali marin ; les
pierres qui recouvrent ces ſources, ainſi que
les marches des baſſins, ſont continuellement
mouillées, ſoit par l'eau qui s'y répand, ſoit
par celle qui peut y pénétrer par le jeu des
tuyaux capillaires, l'alkali marin rencontrant
la ſélénite contenue dans le grès, la décom-

pofé, s'unir à fon acide, & produit du fel de Glaubert, lequel eft pouffé à la fuperficie de la pierre à l'inftant de fa formation, par le mouvement d'effervefcence occafionné par cette décompofition & recombinaifon.

5°. Voulant m'affurer de la pureté de ce fel & de fon analogie avec le fel de Glaubert ordinaire ; j'ai verfé fur quelques uns de ces criftaux, de l'acide vitriolique, il s'eft fait un léger mouvement d'effervefcence, & il s'eft élevé des vapeurs élaftiques, qui avoient l'odeur du phofphore.

6°. J'ai expofé du fel de Glaubert de Bains tombé en efflorefcence, à la fublimation, dans une petite phiole, avec du vitriol de mercure, à deffein de découvrir la préfence du fel marin dans ce fel ; mais je n'ai pu obtenir de fublimé corrofif ; ce qui prouve que les vapeurs qui fe font élevées lors du mêlange de ce fel avec l'huile de vitriol, ne font point l'effet de l'acide marin, mais du *gas* ou fluide électrique combiné avec l'alkali marin dans le fel, & dégagé dans cette expérience par l'acide vitriolique.

SUR LES EAUX
DE CONTREXÉVILLE.

CONTREXEVILLE eſt un village de la Lorraine, ſitué à peu près dans le centre des villes de Mirecourt, Neufchâteau, Bourmont & la Marche; il eſt éloigné de Nancy d'environ quinze lieues.

Les eaux de Contrexéville ne ſont en réputation que depuis fort peu de tems; c'eſt à feu M. Bagard, préſident du collège de médecine de Nancy, membre de l'académie royale des ſciences & des arts de la même ville, &c. que nous ſommes redevables des ſecours ſalutaires que nous tirons de ces eaux; il nous a donné en 1760 une diſſertation dans laquelle il expoſe toutes les propriétés médecinales des eaux de Contrexéville.

En 1774 M. Thouvenel, docteur en médedecine, a auſſi donné un mémoire chimique & médecinal ſur les principes & les vertus de ces eaux. Comme *les analyſes qu'on a données ſur cette ſource*, dit ce médecin, *ſont contradictoires & inſuffiſantes à pluſieurs égards, & que d'ailleurs elles n'ont point été faites fur les lieux, circonſtance indiſpenſable dans ces ſortes de recher-ches, j'ai cru devoir recommencer avec toute l'atten-tion & l'exactitude poſſibles, ce travail, pour met-tre le public & les médecins plus en état de juger des propriétés de ces eaux, & de les employer avec plus de diſcernement & de ſécurité.*

Ce ſont à peu près les mêmes motifs qui m'ont engagé à répéter, ſur les eaux de Con-trexéville, les expériences de M. Thouvenel, quoique le travail de ce médecin mérite à tous égards d'être diſtingué de cette foule d'analy-ſes données au Public avec auſſi peu d'exacti-tude que de méthode; cependant comme cet ouvrage n'eſt pas ſans erreurs, & qu'il laiſſe encore quelque choſe à deſirer ſur la connoiſ-ſance de ces eaux, j'ai cru devoir les expoſer de nouveau à l'analyſe.

ANALYSE
DE L'EAU
DE CONTREXÉVILLE.

CETTE fontaine ſort des entrailles de la terre, & doit ſans doute ſon origine aux eaux

qui fe filtrent à travers les montagnes voi-
nes. L'eau en eft très abondante, & recouverte dans fon baffin d'une pellicule d'un blanc
jaunâtre, laquelle j'ai reconnu être de la terre calcaire unie à une petite portion de
chaux de fer ou ochre; le fond & les parois
du baffin font enduits d'une même matière,
mais plus abondante en chaux de fer, ce qui
lui donne un coup d'œil jaune plus foncé; ces
fubftances ont été tenues en diffolution dans
l'eau, & n'en ont été abandonnées que par
la perte d'un principe qui facilitoit leur diffolution; je ferai connaître ce principe dans
la fuite.

1º. Cette eau fortant de fa fource eft très-
limpide & n'a qu'une faveur un peu fade &
un goût légerement ferrugineux, qu'elle perd
par le tranfport.

2º. La noix de galle jettée dans cette eau,
lui fait prendre un coup d'œil pourpre affez
léger. Cette eau tranfportée dans des bouteilles, même exactement bouchées, perd cette
propriété dans une efpace de tems affez court.

3º. Verfée fortant de fa fource fur des fleurs
de mauves, elle prend une teinte bleue qui tire
un peu fur le rouge; vingt-quatre heures après
elle devient verte.

4°. Cette eau exposée à l'air libre, laisse dé-
poser une matière terreuse un peu jaunâtre;
c'est la terre calcaire & le fer que cette eau tenoit en diffolution; lesquels fe font précipités
par la perte de l'intermède volatil qui les rendoit diffolubles; ces expériences prouvent que
les eaux de Contrexéville fortant de leur fource, contiennent un principe qu'elles perdent
par leur féjour ou par le tranfport.

5°. J'ai recueilli un peu de la matière qui re-
couvroit le baffin, je l'ai jetté dans un flacon
de criftal bouché à l'émeril; j'ai verfé par
deffus de l'eau de Contrexéville récemment
puifée à fa fource, j'ai enfuite placé le vafe
dans un lieu frais; au bout de vingt-quatre heures la matière s'eft trouvée diffoute en entier.
Cette expérience démontre que cette eau fortant de fa fource a action fur les fubftances
calcaires. M. Thouvenel a obfervé le même
effet fur ces terres, mais ne nous en a pas donné la raifon. J'expoferai dans un moment la
théorie de cette expérience.

6°. Voulant m'affurer fi ces eaux n'auroient
pas auffi quelque action fur les fubftances métalliques, j'en ai verfé fur de la limaille de fer
bien pure & bien lavée, renfermée dans un
vafe exactement bouché, je l'ai placé dans un

lieu frais, au bout de vingt-quatre heures j'ai filtré l'eau à travers un papier gris, & j'ai remarqué qu'elle s'étoit fensiblement chargée de fer ; elle donnoit avec la noix de galle, une couleur pourpre très-foncée ; c'eft-à-dire prefque noire.

7°. Si l'on verfe quelques gouttes d'eau de chaux dans cette eau, elle blanchit fur le champ, mais peu à peu elle reprend fa tranfparence. Si l'on ajoute de nouvelle eau de chaux, elle refte conftamment blanche & donne un précipité que l'on doit rapporter à un peu de *gas* que contient cette eau, & à la décompofition d'un peu de felénite à bafe vitrifiable qui fe trouve dans cette eau, comme je le démontrerai.

8°. J'ai foumis à la diftillation une certaine quantité de cette eau, dans une cornue de verre au bec de laquelle j'ai foigneufement luté un récipient contenant de l'eau de chaux ; j'ai donné une chaleur douce à la cornue, j'ai obfervé que l'eau de chaux étoit devenue légérement laiteufe, ce qui prouve la préfence du *gas* ou fluide électrique ; c'eft à la préfence de ce principe volatil que l'on doit rapporter la caufe de la diffolution des matières calcaires & ferrugineufes dans ces eaux ; c'eft auffi à

la perte du même principe que l'on doit attribuer la précipitation de ces mêmes fubftances.

9°. Cette eau décompofe le favon, fi on la
mêle avec une diffolution de favon dans l'eau
diftillée, elle occafionne fur le champ un cail-
leboté.

10°. Les alkalis diffous dans cette eau occafionnent un précipité peu abondant: je donnerai
dans la fuite la théorie de cette expérience.

11°. Voulant m'affurer fi cette eau ne con-
tiendroit pas du fel marin à bafe terreufe, j'ai
renfermé de cette eau dans un vafe & j'ai verfé dedans de l'aklali volatil fluor, il a occafionné un précipité blanc; j'ai placé le vafe fur
un bain de fable faiblement échauffé, pour
faire évaporer l'alkali volatil non combiné;
lorfque la liqueur a été tout-à-fait inodore, j'ai
jetté dedans du fel de tartre qui a développé
dans l'inftant une odeur d'alkali volatil très-
pénétrante: dans cette expérience l'alkali volatil ayant plus d'affinité avec l'acide marin
que cet acide n'en a avec la terre calcaire, il
s'y unit & forme du fel ammoniac. La terre
devenue libre fe précipite; l'alkali fixe que
j'ai enfuite ajouté au mélange, ayant plus d'affinité avec l'acide marin que n'en a l'alkali

volatil, il décompofe à fon tour le fel ammo‑
niac & dégage l'alkali volatil.

12°. L'alkali pruffien mêlé avec cette eau,
donne auffi un précipité blanc un peu fale &
ne lui communique aucune couleur étrangère.

13°. La diffolution de fel de faturne dans
l'eau diftillée, versée dans cette eau, fournit
un précipité qui acquiert une couleur tirant
fur le noir.

14°. La diffolution d'argent dans l'acide
nitreux, mêlée avec cette eau, donne un pré‑
cipité grumelé d'un jaune noirâtre. Ces deux
expériences démontrent la préfence d'une ma‑
tière phlogiftique dans l'eau de Contrexéville.

15°. Le nitre mercuriel diffous dans cette
eau, occafionne un précipité jaune très-abon‑
dant. Je me fuis affuré que ce précipité étoit
du turbith minéral formé par la décompofi‑
tion de la felénite contenue dans cette eau;
ce mercure précipité jaune n'eft point pur, il
eft uni à une petite portion de mercure pré‑
cipité blanc, qui fe forme auffi dans ce pro‑
cédé, à raifon d'un peu de fel marin à bafe
terreufe que cette eau tient en diffolution.

16°. J'ai foumis à l'évaporation vingt-cinq
pintes de cette eau mefure de Paris, dans deux
terrines de grès, fur un bain de fable dont

la chaleur n'a jamais excédé celle de l'eau bouillante ; j'ai obtenu par la defficcation, un réfidu d'un blanc grisâtre, pefant environ 512 grains, ce qui fait à peu près dix grains & un quart par livre d'eau : auffitôt que l'eau a eu acquis un certain dégré de chaleur, elle s'eft couverte d'une pellicule faline qui fe précipitoit à méfure qu'il s'en formoit de nouvelle, ce qui a continué prefque jufqu'à la fin de l'évaporation. J'ai recueilli une petite portion de cette matière faline fur laquelle j'ai verfé du vinaigre diftillé, qui a occafionné une vive effervefcence, ce qui prouve que cette matière contient de la terre calcaire. Ayant verfé fur le réfidu de cette fubftance que le vinaigre n'avoit pu diffoudre, de la diffolution de mercure dans l'acide nitreux, j'ai obtenu du mercure précipité jaune, ce qui démontre la préfence d'un fel neutre vitriolique. J'ai répété les mêmes expériences fur la matière faline fournie par l'eau de Contrexéville ; fur la fin de l'évaporation, c'eft-à-dire, lorfqu'elle a été très-concentrée, j'ai reconnu que cette pellicule faline n'étoit plus unie à la terre calcaire, & qu'elle étoit purement féléniteufe.

17e. Le réfidu de l'eau de Contrexéville expofé à l'air, en attire l'humidité : voulant m'affurer

ſurer de la cauſe de cet effet, j'ai jetté deux
cent grains de ce réſidu ſur du papier gris,
j'ai placé ce papier ſur une aſſiette de fayan-
ce & je l'ai enſuite expoſé dans un lieu hu-
mide pendant cinq à ſix jours, le papier s'eſt
humecté aſſez conſidérablement ; je l'ai enſuite
fait ſécher pour lui enlever tout le réſidu qui
ne s'étoit point réſout en liqueur ; ayant enſuite peſé ce réſidu, j'ai remarqué qu'il avoit
diminué d'environ vingt-neuf grains : j'ai lavé
le papier gris dans de l'eau diſtillée & j'ai verſé dedans une diſſolution de criſtaux de ſoude
qui a occaſionné une précipitation ; après avoir
filtré la liqueur ; je l'ai ſoumiſe à l'évaporation & à la criſtalliſation, elle a donné des
criſtaux de ſel marin ; j'ai pouſſé l'évaporation de la liqueur juſqu'à la déſſiccation, j'en
ai mêlé le réſidu avec le vitriol martial cal-
ciné en blancheur, & du nitre mercuriel ; j'ai
ſoumis le mélange à la ſublimation, dans une
phiole, j'ai obtenu un ſel criſtalliſé en poi-
gnard, abſolument ſemblable au ſublimé corroſif. Ces expériences démontrent la préſence
du ſel marin à baſe terreuſe dans les eaux de
Contrexéville, dont la quantité peut être évaluée à environ un grain & demi par livre
d'eau.

H

18°. J'ai jetté dans un verre les 171 grains restans du résidu qui avoit été exposé à l'humidité, j'ai versé par dessus du bon vinaigre distillé, jusqu'au point de saturation, j'ai filtré la liqueur & je l'ai soumise à l'évaporation & à la cristallisation, elle a donné des cristaux de sel acéteux calcaire : j'ai fait sécher la portion du résidu que le vinaigre n'avoit pu dissoudre, j'ai trouvé, en le pesant, qu'il avoit diminué d'environ soixante grains, ce qui prouve que les eaux de Contrexéville contiennent environ trois grains de terre calcaire par livre.

19°. J'ai soumis à l'ébullition dans de l'eau distillée, le résidu sur lequel le vinaigre n'avoit point eu action, elle en a dissout une partie. J'ai filtré la liqueur & j'ai versé dedans de l'huile de tartre par défaillance, ce qui occasionne un précipité. Ayant filtré la liqueur, je l'ai soumise à l'évaporation & à la cristallisation, j'ai obtenu des cristaux de tartre vitriolé.

20°. J'ai mêlé l'autre partie du résidu que l'eau n'avoit pu dissoudre, avec du charbon en poudre & un peu d'alkali fixe, j'ai soumis le tout au feu dans un creuset exactement luté,

j'ai obtenu un vrai foye de foufre; d'où l'on
peut conclure que les eaux de Contrexéville
contiennent un fel neutre vitriolique à bafe
terreufe, que l'on nomme felénite, lequel peut
être évalué à environ cinq grains par livre
d'eau. J'ai foumis à la diftillation deux cens
autres grains du réfidu des eaux de Contrexéville, dans une petite cornue de verre, au bec
de laquelle j'ai luté un récipient; j'ai obtenu,
à un dégré de chaleur égal à celui de l'eau bouillante, quelques gouttes d'une liqueur jaunâtre,
dont je ferai ci-après connaître la nature. La
matière contenue dans la cornue avoit acquis
une couleur noire : j'ai enfuite poufsé le feu
jufqu'à faire rougir le fond de la cornue, j'ai
foutenu le feu à ce dégré pendant environ une
heure & demie, il a paffé dans le récipient
quelques vapeurs qui fe font affez difficilement
condenfées; la matière de la cornue n'avoit
plus une couleur auffi noire; elle étoit d'un
brun fale, on remarquoit à la voûte de la cornue, près de fon col, une matière concrête
d'un blanc jaunâtre, qui fe liquéfioit lorfqu'on
l'approchoit des charbons ardens, & fe fi-
geoit à la manière des graiffes par leur refroidiffement. Les vaiffeaux étant refroidis je les

ai délurés, ils ont exhalé une odeur safranée analogue à celle de l'acide marin, & rien d'empireumatique ni qui approchât des vapeurs d'un bithume en combuftion, comme M. Thouvenel dit l'avoir remarqué.

21°. J'ai fait diffoudre quelques criftaux de foude dans de l'eau diftillée, j'ai versé la diffolution dans le récipient qui avoit reçu le phlegme de couleur jaune pafsé au commencement de la diftillation, & dans lequel les vapeurs dont j'ai parlé s'étoient condensées, il s'eft fait un précipité : la liqueur enfuite ayant été filtrée & évaporée, a fourni, par la criftallifation, un vrai fel marın régénéré, ce qui démontre que les vapeurs, ainfi que le phlegme que fournit par la diftillation le réfidu des eaux de Contrexéville, font dus à la décompofition d'une partie du fel marin à bafe terreufe contenu dans ces eaux. Dans une femblable expérience, M. Thouvenel dit, qu'après avoir jetté de l'huile de tartre par défaillance fur les produits de la diftillation du réfidu des eaux de Contrexéville, il a obtenu un fel marin régénéré, ce qui eft abfolument contre les principes de la chimie ; pour peu qu'on ait de connoiffance dans cet art, on s'appercecevra que M. Thouvenel s'eft trompé. Le fel

marin n'a point pour bafe l'alkali du tartre,
comme il le prétend, mais l'alkali marin ou la
foude; ce n'eft donc point du fel marin qu'il
a obtenu par ce procédé, mais du fel fébri-
fûge de Silvius.

22°. J'ai enfuite examiné la matière concrête
qui s'étoit fublimée au col de la cornue; exposée à l'air elle en attire l'humidité, jettée fur
des charbons elle fe réduifoit en vapeurs, mêlée avec une diffolution d'argent dans l'acide
nitreux, elle la grumele; enfin combinée jufqu'au point de faturation avec l'alkali de la
foude, elle a fourni un précipité de nature calcaire & a donné des criftaux de fel marin; ce
qui prouve que cette matière concrête n'eft autre chofe que du fel marin à bafe terreufe, lequel s'eft fublimé en entier par la violence du
feu, & qui s'eft attaché à la voûte de la cornue. Tous les chimiftes favent que les diffolutions de fel marin à bafe terreufe, étant très-
rapprochées par l'évaporation, fe figent par
leur refroidiffement, & fe liquefient par la
chaleur.

23°. Pour ne laiffer aucun doute que cette
fubftance n'eft ni un bitume ni un corps gras
quelconque, j'ai recueilli tout ce qui s'étoit fublimé pendant cette opération, ce qui pouvoit

aller à la groffeur d'un pois, je l'ai introduit dans une cornue de verre tubulée, au bec de laquelle j'ai luté un récipient; j'ai versé par deffus, par la tubulure de la cornue, de l'huile de vitriol très-pur, très-concentré & abfolument limpide comme de l'eau; il s'eft fait auffitôt une vive efferyefcence, il a pafsé dans le récipient des vapeurs qui fe font condensées peu à peu; j'ai mis enfuite deux ou trois charbons embrasés fous la cornue, j'ai entretenu le feu dans cet état pendant quelques minutes, après quoi les vaiffeaux s'étant refroidis, je les ai déluzés; le récipient a exhalé une odeur fafranée, qui, comme on fait, eft propre à l'acide marin; la matière de la cornue eft devenue abfolument blanche, & l'acide fulphureux volatil ne s'eft fait aucunement fentir; ce qui n'auroit pas manqué d'arriver, fi cette matière eût été bitumineufe ou de la nature des huiles.

24°. J'ai fait bouillir la matière qui étoit reftée dans le fond de la cornue, dans de l'eau diftillée, j'ai enfuite filtré la liqueur & l'ai foumife à l'évaporation & à la criftallifation, elle a donné des criftaux de felénite & de fel de Sedlitz. Voulant m'affurer fi ce fel exiftoit naturellement dans les eaux de Contrexeville,

ou s'il n'étoit que le produit de la décompofition d'une partie du fel marin à bafe terreufe,
dont la terre qui lui fert de bafe auroit pu décompofer un peu de felénite & s'unir à fon acide ; en conféquence j'ai pefé trente grains du
réfidu de l'évaporation des eaux de Contrexéville, je les ai jettés dans une phiole fur un
bain de fable, j'ai poufsé le feu jufqu'à faire
bouillir la liqueur, je l'ai enfuite filtrée pour la
débarraffer d'une portion du réfidu que l'eau
n'avoit pu diffoudre, & je l'ai exposée à l'é-
vaporation infenfible ; il s'eft attaché aux parois du vafe, dans l'efpace d'un mois, des
petits criftaux de fel de Sedlitz, mais en petite
quantité, ce qui prouve que ce fel terreux fe
trouve tout formé dans les eaux de Contrexéville.

25°. J'ai foumis trente autres grains de réfidu à la calcination, je les ai enfuite fait bouillir dans trois onces d'eau diftillée, la liqueur
ayant été filtrée, je l'ai exposée à l'évaporation
fpontanée ; elle a donné, dans l'efpace d'un
mois, des criftaux de fel de Sedlitz bien confi-
gurés & en plus grande quantité que dans
l'expérience précédente, ce qui démontre la
préfence de la magnéfie dans les eaux de Contrexéville, & fembleroit indiquer que cette fub-

ftance terreufe a plus d'affinité avec l'acide vitriolique, que cet acide n'en a avec la terre
calcaire, puifque la quantité fenfiblement plus
grande de fel de Sedlitz obtenu par ce procédé, ne peut être attribuée qu'à la décompofition d'une partie de la felénite par la magnéfie, dans la calcination.

26°. Pour m'affurer fi la magnéfie avoit la
propriété de décompofer la felénite calcaire
par la voie sèche, j'ai fait un mêlange de parties égales de ces deux fubftances, j'ai mis le
tout dans un creufet à la forge, j'ai foutenu
le feu pendant une bonne demi-heure, j'ai
enfuite jetté la matière calcinée dans de l'eau
bouillante bien pure, j'ai filtré la liqueur, puis
je l'ai laiffé évaporer à l'air libre, elle a donné des criftaux de fel de Sedlitz, mélés avec
de la felénite, ce qui prouve la décompofition
de ce fel vitriolique calcaire par la magnéfie.

27°. J'ai dit, en parlant de la diftillation
du réfidu des eaux de Contrexéville, que cette matière acquéroit une couleur noire par la
calcination, & qu'elle la perdoit en partie
lorfqu'on l'expofoit à un feu violent & longtems foutenu; j'ai fait quelques expériences
pour découvrir à quoi cela étoit dû. Il me reftoit encore cinquante-un grains de ce réfidu

des eaux de Contrexéville, je les ai exposés
à la calcination dans une petite cornue de verre: lorſque la matière a eu acquis une couleur noire; j'ai éteint le feu & j'ai retiré la matière de la corn ɯ, j'ai verſé ſur une partie
de l'acide vitriolique très-pur, ce qui a occaſionné une vive efferveſcence; il ne s'eſt point
exhalé d'acide ſulphureux volatil, mais ſeulement des vapeurs d'acide marin; la matière
noire eſt devenue en peu de tems d'un très-
beau blanc; je l'ai lavée dans de l'eau diſtillée;
j'ai filtré enſuite la liqueur puis j'ai jetté un peu
de noix de galle en poudre dans une partie,
qui lui a communiqué une couleur violette;
le reſte de la liqueur ayant été ſoumis à l'é-
vaporation & à la criſtalliſation, a donné des
criſtaux de ſelénite & de ſel de Sedlitz.

28°. J'ai expoſé l'autre partie de la matière
noire à une violente calcination, elle eſt devenue d'un blanc ſale tirant un peu ſur le brun;
j'ai verſé par deſſus de l'acide vitriolique qui
a encore occaſionné une efferveſcence; mais
la matière n'a pas pris un coup d'œil auſſi
blanc que dans le premier procédé: On peut
conclure de ces expériences que la couleur
noire que prend le réſidu des eaux de Contrexéville par la calcination, eſt due au fer que

ces eaux contiennent, lequel rencontrant un peu de phlogiftique affez ordinairement uni aux matières calcaires, s'en empare & prend fa couleur naturelle, qui eft le noir,

La matière expofée à une violente calcination, perd une partie de fa couleur noire, parce que le fer qui y eft contenu, éprouvant l'action d'un feu violent & longtems foutenu, perd fon phlogiftique & fe convertit en chaux rougeâtre que l'on nomme fafran de mars aftringent,

CONCLUSIONS.

1°. Il réfulte de toutes ces expériences que les eaux de Contrexéville tiennent dans un vrai état de diffolution, par le moyen du *gas* ou fluide électrique, environ un quart de grain de fer par livre d'eau.

2°. Que la terre calcaire qui s'y trouve y eft auffi combinée avec le *gas*, ce qui produit une efpèce de fel neutre fufceptible de décompofition pour peu que la chaleur à laquelle il feroit expofé, fût fupérieure au dégré que donne au thermomètre l'eau qui fe tient en diffolution; ce qui rend ces eaux très-difficiles à tranfporter fans altération.

3°. Que ces eaux, fans avoir un goût piquant bien marqué, ont cependant action fur des matières terreufes & métalliques.

4°. Que le fel marin à bafe terreufe qui s'y trouve peut être évalué à un grain & demi par livre.

5°. Qu'il exifte naturellement dans ces eaux environ un demi grain de fel de Sedlitz par livre.

6°. Qu'une livre de ces eaux contient à peu près cinq grains de felénite calcaire.

7°. Qu'il ne fe trouve dans ces eaux ni bitume ni matières graffes quelconques, mais feulement un peu de phlogiftique uni aux fubftances calcaires que contiennent ces eaux.

8°. Enfin que la couleur noire que prend le réfidu des eaux de Contrexéville par la calcination, eft en partie due au fer que contiennent ces eaux, & à la petite quantité de phlogiftique qui accompagne les fubftances terreufes.

Vertus médecinales des eaux de Contrexéville.

Les eaux de Contrexéville jouiffent d'une réputation bien méritée dans toutes les maladies des voies urinaires; M. Bagard, qui le premier les a conseillées, & qui a suivi leur usage, les regarde comme souveraines dans les maladies des reins, de la vessie, de l'urêtre & des urtéres, telles que la pierre, la gravelle, les glaires, les supurations & les carnosités de l'urêtre; elles ont la propriété de déterger & de consolider les ulcérations internes & externes; on les emploie avec succès dans les maladies scrophuleuses & généralement dans toutes les maladies des glandes; elles levent les obstructions de la lymphe & des intestins, ainsi que les embarras des viscères, &c.

En réfléchissant sur les principes des eaux de Contrexéville, on ne peut se refuser d'attribuer au *gas* ou fluide électrique combiné que contiennent ces eaux: la plus grande partie des bons effets que l'on obtient de leur usage; cet être singulier est uni dans les eaux de Contrexéville au fer & à la matière calcaire, ce qui produit un sel neutre calcaire & ferrugineux. L'extrême facilité que ces deux sels ont à se décomposer, démontre l'altération qu'éprouvent nécessairement ces eaux par le transport; ce qui doit engager tous les gens de l'art à envoyer leurs malades sur les lieux pour en faire usage.

F I N.

ERRATA.

DISSERTATION, &c.

Pag. III lig. 13, médecinal, *lisez* médicinal.

ANALYSE, &c.

Pag. 2 lig. 17, plus généralement, *lisez* le plus généralement.

Pag. 8 lig. 25, médecinal, *lisez* médicinal, & de même par-tout où se trouve le mot *médecinal*.

Pag. 16 lig. 25, terreo-gelatineuse, *lisez* terro-gelatineuse.

pag. 20 lig. 13, terre follicée *lisez* terre follicée.

pag. 44 lig. 26, n'altéroit plus, *lisez* n'attiroit plus.

pag. 45 lig. 4, cristaux de sonde, *lisez* cristaux de soude.

pag. 50 lig. 12, la territoire, *lisez* le territoire.

pag. 54 lig. 23, en colomnes, *lisez* en colonnes.

pag. 56 ligne 21, *id.*

pag 65 lig. 13, soumise, *lisez* soumises. *Ibid.* a donné, *lisez* ont donné.

pag. 105 lig. 8, resout, *lisez* resous.

pag. 108 lig. 19. Ce n'est point une erreur chymique dans laquelle est tombé Mr. Thouvenel lorsqu'il expose dans son analyse des eaux de Contrexeville, qu'il a obtenu du sel marin régénéré, en combinant l'Alkali végétal avec l'Acide marin; ce n'est qu'un terme impropre dont il a fait usage.

pag. 114 lig. 23, qui se tient, *lisez* qui le tient.

i

www.ingramcontent.com/pod-product-compliance
Lightning Source LLC
Chambersburg PA
CBHW071151200326
41519CB00018B/5185